技工院校汽车类专业教材（中级技能层级）

中等职业学校汽车类专业教材

柴油机构造与维修

（第三版）

U0307322

朱建勇　主编

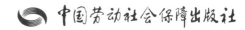

中国劳动社会保障出版社

简介

本书主要内容包括柴油机整体构造、曲柄连杆机构、配气机构、润滑系和冷却系、燃料供给系、起动系、柴油机电控喷油系、柴油机后处理系等。

本书由朱建勇任主编，于延超任副主编，李金欣、郑烨珺、栾玉敏参与编写，周俊任主审。

图书在版编目（CIP）数据

柴油机构造与维修 / 朱建勇主编 . -- 3版 . -- 北京：中国劳动社会保障出版社，2024. --（技工院校汽车类专业教材）（中等职业学校汽车类专业教材）. -- ISBN 978-7-5167-6785-6

I . TK42

中国国家版本馆 CIP 数据核字第 2024F89N24 号

中国劳动社会保障出版社出版发行

（北京市惠新东街 1 号　邮政编码：100029）

*

北京市鑫霸印务有限公司印刷装订　新华书店经销

787 毫米 × 1092 毫米　16 开本　16 印张　312 千字

2024 年 12 月第 3 版　　2024 年 12 月第 1 次印刷

定价：32.00 元

营销中心电话：400-606-6496

出版社网址：https://www.class.com.cn

https://jg.class.com.cn

版权专有　　侵权必究

如有印装差错，请与本社联系调换：（010）81211666

我社将与版权执法机关配合，大力打击盗印、销售和使用盗版图书活动，敬请广大读者协助举报，经查实将给予举报者奖励。

举报电话：（010）64954652

前　　言

为了更好地满足全国技工院校汽车类专业的教学要求，全面提升教学质量，我们组织有关院校的骨干教师和行业、企业专家，在充分调研企业生产和院校教学实际、广泛听取教材用户反馈意见的基础上，对技工院校汽车类专业通用教材（中级技能层级）进行了修订和新编。技工院校汽车类专业通用教材（中级技能层级）包括通用基础模块和汽车维修、汽车检测、汽车电器维修、汽车营销、汽车钣金与美容等五个专业方向模块。

其中，通用基础模块已在 2022 年完成全部修订（新编）工作，本次修订（新编）的是汽车维修、汽车检测和汽车电器维修三个专业方向模块，修订（新编）重点是：

第一，贯彻最新教育方针，明确人才培养目标。教材与人力资源社会保障部颁布的《技工院校汽车维修专业教学计划和教学大纲（2015）》《技工院校汽车电器维修专业教学计划和教学大纲（2015）》《汽车维修工国家职业技能标准（2018 年版）》紧密对接，旨在提升学生的专业技能和知识水平，同时增强就业竞争力和社会适应能力。

第二，紧跟时代发展步伐，把握技术创新趋势。教材围绕汽车专业技术领域的最新发展，根据汽车类专业毕业生所从事岗位的需要和教学实际情况变化，合理确定学习目标，对内容的深度、难度做了适当调整，同时注重综合职业能力培养，充实新知识、新技术、新材料、新工艺等方面的内容，体现教材的先进性，并引用最新国家技术标准，使教材更加科学、规范。

第三，突出汽车专业特色，创新教材表现形式。教材选取当前市面上广泛使用的汽车车型和汽车行业案例作为教学载体，增加了实操内容在教材中的比重，充分体现职业教育特色。同时，为激发学生的学习兴趣，力求让学生更直观地理解和掌握所学内容，教材大量使用高质量的实物图片，多数教材采用四色印刷，图文并茂，进一步提高了教材的可读性。

第四，构建教学资源体系，优化教学服务水平。为方便教师教学和学生学习，教材配有发电子课件、习题册和习题册参考答案，部分教材还配有工作页、技能训练学生手册和微视频，以满足不同教学模式的使用需求。其中，电子课件、习题册参考答案、微视频可通过技工教育网（https://jg.class.com.cn）下载使用或在线观看。

编者

2024 年 8 月

目录

项目一
柴油机整体构造

任务　柴油机概述

 学习目标

1. 能讲述柴油机的结构。
2. 能讲述柴油机的常用术语和工作过程。
3. 能讲述柴油机的主要性能指标。
4. 能讲述国产内燃机型号的编制规则。
5. 依据汽车维修操作要求，熟练、规范地完成柴油机附件的拆卸与装配。

情境导入

柴油机的类型、结构、性能等参数，决定柴油机的使用性能，进而决定车辆在高速行驶时能否获得较强的动力。

一般情况下，货车按总质量确定柴油机排量。柴油机排量一定，各工况下动力性能即已确定。采用废气涡轮增压技术，使得柴油机在高速行驶时进气量更多，具有更强的动力性。通过本任务的学习，能否对柴油机的结构有更加深入的了解呢？

相关知识

一、柴油机的结构

柴油机是利用活塞压缩空气，使气缸内空气温度达到 500～700 ℃，喷油器向气缸内喷射极细的柴油燃料微粒，使其自燃产生热能，油气混合气膨胀推动活塞，带动连杆使曲轴旋转产生动力。

1. 结构

柴油机（图 1-1-1）是一种将燃料（柴油）燃烧产生的热能转化为机械能的机器。柴油机有很多形式，但其基本结构是一样的，都由两大机构和四大系统组成。

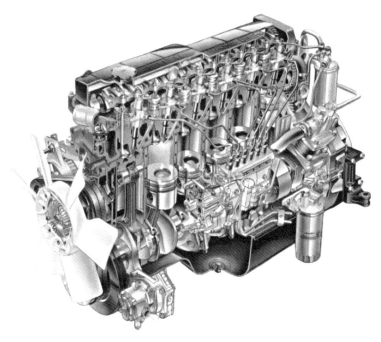

图 1-1-1　柴油机

（1）曲柄连杆机构

曲柄连杆机构主要由气缸体、气缸盖、活塞、连杆、曲轴和飞轮等组成，其作用是将可燃混合气燃烧时产生的热能转化成机械能，即气缸内的高温高压气体推动活塞在气缸内做往复直线运动，再通过连杆带动曲轴做旋转运动。

（2）配气机构

配气机构主要由气门、推杆、挺柱、凸轮、摇臂、凸轮轴和正时齿轮等组成，其作用是定时开启和关闭气门，使新鲜空气及时充入气缸，并使燃烧后的废气及时排出。

（3）燃料供给系

燃料供给系主要由燃油箱、输油泵、燃油滤清器、喷油器、高压油泵、进气管、排气管和排气消声器等组成，其作用是根据柴油机不同工况的要求，向气缸内提供新鲜空气并在规定时刻向气缸喷入雾化的柴油，供气缸燃烧做功。

（4）润滑系

润滑系主要由机油泵、机油滤清器、限压阀、油底壳等组成，其作用是将润滑油不断供给至运动的摩擦表面，以减小摩擦力，减少机件的磨损，清洗摩擦面并部分冷却摩擦表面。

（5）冷却系

冷却系分为水冷式和风冷式。水冷式冷却系主要由散热器、风扇、水泵、节温器、气缸体和气缸盖内的水套等组成；风冷式冷却系主要由风扇、散热片、导流板等组成。冷却系的作用是使柴油机在最适宜的温度范围内工作。

（6）起动系

起动系主要由起动机和起动控制电路组成，其作用是使处于静止状态的柴油机运转，通过起动机带动飞轮使柴油机曲轴转动，达到燃料燃烧做功时所需要的起动转速。

2. 汽油机与柴油机的区别

（1）燃料不同

汽油机使用的燃料是汽油，柴油机使用的燃料是柴油，这是两者最直观的区别。

（2）构造不同

汽油机的气缸顶部有火花塞，柴油机的气缸顶部是喷油器。

（3）点火方式不同

汽油机是靠火花塞产生的电火花点燃混合气的。柴油机是将气缸内的空气压缩，热量增加，雾化柴油发生自燃，这种点燃方式称为压燃式。

（4）热效率不同

汽油机的热效率一般为 20%～30%，柴油机的热效率一般为 30%～45%，汽油机的热效率比柴油机低。

（5）应用范围不同

汽油机一般应用在汽车和摩托车上，柴油机多用于火车、轮船、载货汽车、越野汽车、工程车辆等。

二、柴油机的分类

柴油机的分类见表 1–1–1。

表 1-1-1   柴油机的分类

分类方法	类别	特点	应用
按行程分类	四行程	曲轴转两圈，活塞在气缸内上下往复运动四个行程，完成一个工作循环	大部分车用柴油机均为四行程柴油机，如WP10系列、康明斯系列等
	二行程	曲轴转一圈，活塞在气缸内上下往复运动两个行程，完成一个工作循环	GM6V-71N 型柴油机、GM12V-71N 型柴油机
按冷却方式分类	风冷式	利用空气作为冷却介质进行冷却	大部分车用柴油机为水冷式
	水冷式	利用冷却液作为冷却介质进行冷却	
按进气系统是否采用增压方式分类	自然吸气（非增压式）	自然吸气	大多数车用柴油机采用增压式
	强制进气（增压式）	强制进气	
按燃烧方式分类	直接喷射式	柴油直接喷射到燃烧室中	大多数柴油机采用直接喷射式，间接喷射式使用较少
	间接喷射式	燃烧室由两部分组成，分别是预燃室和主燃室，柴油喷射到预燃室与空气混合后再进入主燃室	
按气缸数目分类	单缸	仅有一个气缸的柴油机	车用柴油机多采用四缸、六缸、八缸
	多缸	有两个以上气缸的柴油机	
按气缸排列方式分类	单列式	各气缸排成一列	在小功率车用柴油机上使用
	双列式	气缸排成两列，两列之间的夹角小于180°（一般为90°）时，称为V形柴油机；两列之间的夹角等于180°时，称为对置式柴油机	常在大、中功率的柴油机上采用

三、柴油机的常用术语

柴油机的常用术语如图 1-1-2 所示。

1. 上止点

活塞在气缸内做往复直线运动，活塞顶部距离曲轴旋转中心最远的极限位置。

2. 下止点

活塞在气缸内做往复直线运动，活塞顶部距离曲轴旋转中心最近的极限位置。

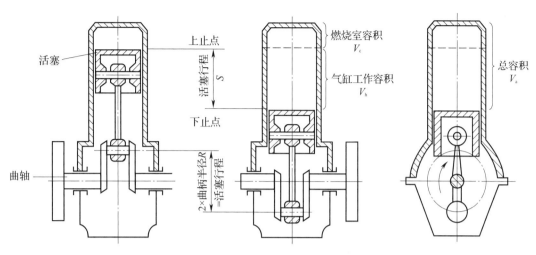

图 1-1-2 柴油机的常用术语

3. 活塞行程

活塞从一个止点到另一个止点移动的距离，即上、下止点之间的距离称为活塞行程，一般用 S 表示，对应一个活塞行程，曲轴旋转 180°。

4. 曲柄半径

曲轴旋转中心到曲柄销中心之间的距离称为曲柄半径，一般用 R 表示。通常活塞行程为曲柄半径的两倍，即 $S=2R$。

5. 气缸工作容积

活塞从一个止点运动到另一个止点所扫过的容积称为气缸工作容积，一般用 V_h 表示。

6. 燃烧室容积

活塞位于上止点时，其顶部与气缸盖之间的容积称为燃烧室容积，一般用 V_c 表示。

7. 气缸总容积

活塞位于下止点时，其顶部与气缸盖之间的容积称为气缸总容积，一般用 V_a 表示。气缸总容积就是气缸工作容积和燃烧室容积之和，即 $V_a = V_c + V_h$。

8. 压缩比

气体压缩前的容积与气体压缩后的容积的比值，即气缸总容积与燃烧室容积之比称为压缩比，一般用 ε 表示。柴油机的压缩比一般为 15～22。

压缩比越大，在压缩过程中气缸内气体被压缩的程度越大，压缩终了时气缸内气体的压力和温度越高。

9. 柴油机排量

柴油机排气量简称排量，是柴油机的一个重要参数。多缸柴油机所有气缸工作容积的总和为柴油机排量，用 V_L 表示。

四、柴油机工作过程

1. 单缸四行程柴油机工作过程

单缸四行程柴油机的每个工作循环是由进气、压缩、做功和排气四个行程组成的。曲轴每转两圈，活塞在上、下止点间往复两次而完成一个工作循环的柴油机，称为四行程柴油机。

单缸四行程柴油机工作循环的情况见表 1-1-2。

表 1-1-2 　　　　　　　　　　　单缸四行程柴油机工作循环

工作循环	示意图	工作过程及特点
进气行程		进气门打开，排气门关闭，当活塞自上止点向下止点移动时，活塞上方将产生一定的真空度，空气被吸入气缸，随着活塞下行，越来越多的空气进入气缸。进气行程终了时，进气压力为 78.5~93.2 kPa
压缩行程		进、排气门均关闭，活塞上行，气缸中的气体将被压缩。在压缩过程中，气缸中的气体温度和气体压力将升高，在活塞到达上止点时，被压缩的空气压力可达 3.5~4.5 MPa，温度为 800~1 000 K（527~727 ℃），远高于柴油的自燃温度

工作循环	示意图	工作过程及特点
做功行程		进、排气门均关闭，由喷油泵送至喷油器的柴油在高压作用下以极细的雾状颗粒形式被喷入压缩的空气中自行燃烧。燃烧室中可燃混合气体的最高压力可达 6 ～ 9 MPa，最高温度可达 2 000 ～ 2 500 K（1 727 ～ 2 227 ℃）。在高压气体的作用下，活塞被迅速向下推动，通过连杆带动曲轴转动，并由曲轴输出动力。气缸中的可燃混合气不断膨胀，其压力和温度也相应地不断降低。活塞到达下止点时，做功行程结束，气缸内压力为 200 ～ 400 kPa，温度为 1 200 ～ 1 500 K（927 ～ 1 227 ℃）
排气行程		排气门打开，进气门关闭，曲轴通过连杆推动活塞从下止点向上止点运动，废气经排气门排出，柴油机排气温度为 500 ～ 700 K（227 ～ 427 ℃）

2. 多缸四行程柴油机工作过程

汽车上使用最多的是多缸四行程柴油机。多缸四行程柴油机的每一个气缸的工作过程均与单缸柴油机相同，且曲轴每转两圈每个气缸都完成一个工作循环，但各缸做功行程并不同时进行，而是按一定的顺序和间隔角（曲轴转角）进行。气缸数越多，柴油机运转越平稳，但随着气缸数的增多，柴油机的尺寸及质量会增加，结构也更复杂。

五、柴油机的主要性能指标

柴油机的性能指标用来表征柴油机的性能特点，并作为评价各类柴油机性能优劣的依据。

1. 动力性指标

动力性指标是表征柴油机做功能力大小的指标，一般用柴油机的有效转矩、有效功率、转速和平均有效压力等作为评价柴油机动力性好坏的指标。

（1）有效转矩

柴油机对外输出的转矩称为有效转矩，记作 T_e，单位为 N·m。有效转矩与曲轴角位移的乘积即为柴油机对外输出的有效功。

（2）有效功率

柴油机在单位时间内对外输出的有效功称为有效功率，记作 P_e，单位为 kW。它等于有效转矩与曲轴角速度的乘积。柴油机的有效功率可以用台架试验方法测定，也可用测功机测定有效转矩和曲轴角速度，然后用式（1-1-1）计算出柴油机的有效功率 P_e。

$$P_e = T_e \frac{2\pi n}{60} \times 10^{-3} = \frac{T_e n}{9\,550} \ (\text{kW}) \qquad 1\text{-}1\text{-}1$$

式中　　T_e——有效转矩，N·m；

　　　　n——曲轴转速，r/min。

（3）柴油机转速

柴油机曲轴每分钟的回转数称为柴油机转速，用 n 表示，单位为 r/min。

柴油机转速的高低，关系到单位时间内做功次数的多少或柴油机有效功率的大小，即柴油机的有效功率随转速的不同而改变。因此，在标定柴油机有效功率时，必须同时指明其相应的转速。

（4）平均有效压力

单位气缸工作容积发出的有效功称为平均有效压力，记作 P_{me}，单位为 MPa。平均有效压力越大，柴油机的做功能力越强。

2. 经济性指标

柴油机经济性指标包括有效热效率和有效燃油消耗率等。

（1）有效热效率

燃料燃烧所产生的热量转化为有效功的百分比称为有效热效率，记作 η_e。显然，为获得一定数量的有效功所消耗的热量越少，有效热效率就越高，柴油机的经济性越好。

（2）有效燃油消耗率

柴油机每输出 1 kW·h 的有效功所消耗的燃油量称为有效燃油消耗率，记作 b_e，单位为 g/（kW·h）。b_e 可按式（1-1-2）计算：

$$b_e = \frac{B}{P_e} \times 10^3 \qquad 1\text{-}1\text{-}2$$

式中　　B——柴油机在单位时间内的耗油量，kg/h，可由试验测定；

　　　　P_e——柴油机的有效功率，kW。

有效燃油消耗率越低，经济性越好。

六、国产内燃机型号编制规则

国产内燃机型号的编制大多按国家标准《内燃机产品名称和型号编制规则》（GB/T 725—2008）来执行。

1. 内燃机名称

内燃机名称均按所使用的主要燃料命名，如汽油机、柴油机等。

2. 内燃机型号

内燃机型号共四部分，由阿拉伯数字、汉语拼音字母或国际通用的英文缩略字母组成，如图 1-1-3 所示。

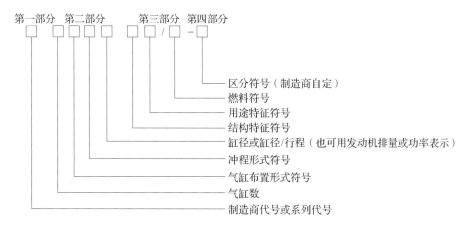

图 1-1-3　内燃机型号表示方法

第一部分：由制造商代号或系列符号组成，制造商根据需要选择相应 1～3 位字母表示。

第二部分：由气缸数、气缸布置形式符号、冲程形式符号、缸径符号组成。

（1）气缸数用 1～2 位数字表示。

（2）气缸布置形式符号见表 1-1-3。

表 1-1-3　　　　　　　　　　　　气缸布置形式符号

符号	含义	符号	含义
无符号	多缸直列或单缸	H	H 形
V	V 形	X	X 形
P	卧式		

注：其他布置形式符号见 GB/T 1883.1—2005。

（3）冲程形式为四冲程时符号省略，二冲程用 E 表示。

（4）缸径符号一般用缸径或缸径 / 行程数字表示，也可用发动机排量或功率数表示，其单位由制造商自定。

第三部分：由结构特征符号（见表 1-1-4）、用途特征符号（见表 1-1-5）、燃料符号组成。

表 1-1-4   结构特征符号

符号	结构特征	符号	结构特征
无符号	冷却液冷却	Z	增压
F	风冷	ZL	增压中冷
N	凝气冷却	DZ	可倒转
S	十字头式		

表 1-1-5   用途特征符号

符号	用途	符号	用途
无符号	通用型及固定动力（或制造商自定）	D	发电机组
T	拖拉机	C	船用主机、右机基本型
M	摩托车	CZ	船用主机、左机基本型
G	工程机械	Y	农用三轮车（或其他农用车）
Q	汽车	L	林业机械
J	铁路机车		

注：内燃机左机和右机的定义按 GB/T 726—1994 的规定。

第四部分：区分符号。同系列产品需要区分时，允许制造商选用适当符号表示。第三部分与第四部分可用"–"分隔。

3. 柴油机型号编制举例

（1）R175A——单缸、四冲程、缸径 75 mm、冷却液冷却（R 为系列代号、A 为区分符号）。

（2）YZ6102Q——六缸直列、四冲程、缸径 102 mm、冷却液冷却、车用（YZ 为扬州柴油机厂代号）。

任务实施

柴油机附件拆卸与装配

一、工具、设备与辅料

1. 工具：汽车维修通用工具、零件车。

2. 设备：柴油机翻转台架。

3. 辅料：润滑油、润滑脂、棉纱等。

二、操作步骤

柴油机附件拆卸与装配见表 1-1-6。

表 1-1-6　　　　　　　　　　　柴油机附件拆卸与装配

（1）拆卸油气分离器、增压器进油管、回油管及润滑油尺

（2）拆卸排气管及增压器

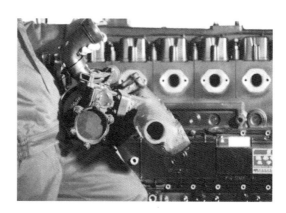

（3）拆卸机油冷却器盖板

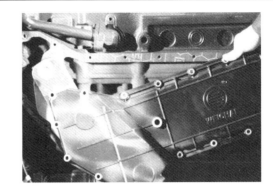

（4）拆卸机油冷却器

（5）拆卸机油滤清器，注意防止润滑油泄漏

（6）拆卸油气分离器

（7）拆卸传感器线束插头及进气管	
（8）拆卸出水管	
（9）拆卸起动机	
（10）拆卸油管及燃油滤清器	

续表

（11）拆卸高压油管	
（12）拆卸共轨油管	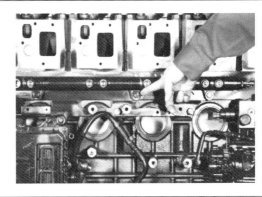
（13）拆卸柴油机线束及 ECU	
（14）拆卸高压油泵	

（15）拆卸喷油器回油管及喷油器，注意防止润滑油泄漏	

（16）装配顺序与拆卸顺序相反

项目二
曲柄连杆机构

任务 1　机　体　组

学习目标

1. 能讲述机体组的作用及组成。
2. 能讲述气缸的排列形式。
3. 依据汽车维修操作要求,熟练、规范地完成机体组的拆卸与检测。
4. 依据汽车维修操作要求,熟练、规范地完成气缸体和气缸盖的检修。
5. 依据汽车维修操作要求,熟练、规范地完成气缸磨损的检修。

情境导入

某重型载货汽车行驶近 500 000 km,客户反映该车发动机动力不足、燃油及润滑油消耗量增加、排气管冒烟严重。经检查,发现气缸压缩压力下降,初步判定是该车气缸套、活塞及活塞环磨损严重,发动机需要大修。通过本任务的学习,能否掌握柴油机大修的流程及方法呢?

相关知识

曲柄连杆机构使柴油机实现热能与机械能的转换,其主要作用是将燃料燃烧时产生的热能转变为推动活塞往复运动的机械能,再通过连杆将活塞的往复运动变为曲轴的旋转运动而对外输出动力。

曲柄连杆机构由机体组、活塞连杆组和曲轴飞轮组三部分组成，如图 2-1-1 所示。

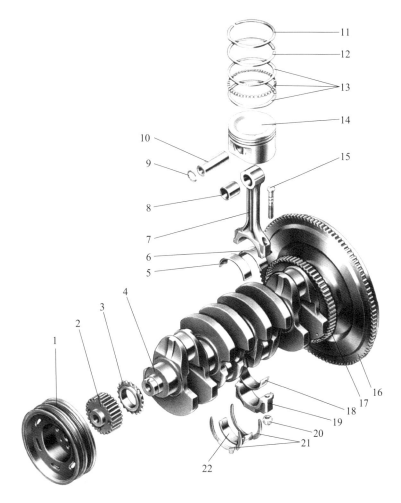

图 2-1-1　曲柄连杆机构的组成

1—曲轴带轮　2—曲轴正时齿形带轮　3—曲轴链轮　4—曲轴　5—主轴承上轴瓦
6—连杆大头上轴瓦　7—连杆　8—连杆小头轴瓦　9—卡环　10—活塞销
11—第一道气环　12—第二道气环　13—油环　14—活塞　15—连杆螺栓
16—飞轮　17—转速传感器脉冲轮　18—连杆大头下轴瓦　19—连杆盖
20—连杆螺母　21—止推片　22—主轴承下轴瓦

机体组是柴油机的支架，是曲柄连杆机构、配气机构和柴油机各系统主要零部件的装配基体。各运动件的润滑和受热机件的冷却都要通过机体组来实现。可以说机体组把柴油机的各种机构和系统组成为一个整体，保持了它们之间必要的相互关系。

机体组主要由气缸体、气缸盖、气缸垫和油底壳等零部件组成，如图 2-1-2 所示。

一、气缸体

气缸体下部用来安装曲轴的部位称为曲轴箱。曲轴箱分上曲轴箱和下曲轴箱，水冷柴油机的气缸体和上曲轴箱常铸成一体，称为气缸体 – 曲轴箱，也称为气缸体，如图 2-1-3 所示。气缸体一般由灰铸铁铸成，其上半部分的圆柱形空腔称为气缸，下半部分为支承曲轴的上曲轴箱，其内腔为曲轴运动的空间。在气缸体内部铸有加强肋、冷却水道和润滑油道等。气缸体应具有足够的强度和刚度。

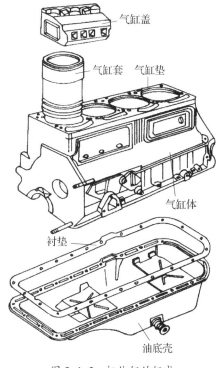

图 2-1-2 机体组的组成

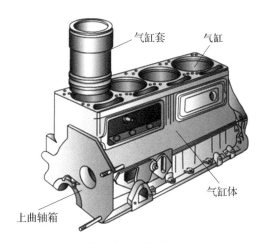

图 2-1-3 气缸体

1. 结构形式（图 2-1-4）

（1）一般式

一般式气缸体的油底壳安装平面和曲轴旋转中心在同一高度，其优点是高度小、重量轻、结构紧凑、便于加工、曲轴拆装方便；缺点是刚度、强度较差，密封性差，主要用于中小型柴油机。

（2）龙门式

龙门式气缸体的油底壳安装平面低于曲轴的旋转中心，其优点是强度和刚度好，能承受较大的机械负荷；缺点是工艺性较差、结构笨重、加工较困难。这种气缸体主要用于大中型柴油机。

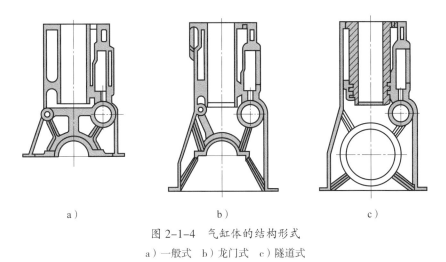

a）　　　　　　　　　　b）　　　　　　　　　　c）

图 2-1-4　气缸体的结构形式

a）一般式　b）龙门式　c）隧道式

（3）隧道式

隧道式气缸体曲轴的主轴承孔为整体式且直径较大，一般采用滚动轴承，曲轴从气缸体后部装入。这种形式的气缸体的优点是结构紧凑、刚度和强度好；缺点是加工精度要求高、工艺性较差、曲轴拆装不方便，主要用于负荷较大的柴油机。

2. 冷却方式

气缸体内引导活塞做往复运动的圆筒是气缸。为了使气缸内表面能够在高温下正常工作，必须对气缸体进行适当冷却。冷却方法有两种，一种是水冷，另一种是风冷，如图 2-1-5 所示。

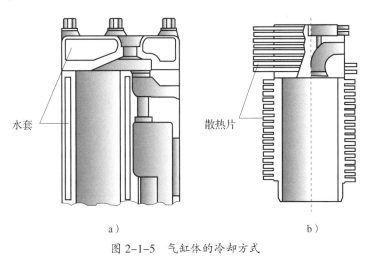

水套　　　　　　　　　　　　　　　散热片

a）　　　　　　　　　　　　　b）

图 2-1-5　气缸体的冷却方式

a）水冷　b）风冷

水冷式柴油机的气缸体周围和气缸盖内设有水流通道，称为水套。气缸体和气缸盖的冷却水套是相通的，冷却液在水套内不断循环，带走部分热量，对气缸体和气缸盖起到冷却作用。

风冷式柴油机的气缸体和气缸盖外有散热片，以帮助散热。

3. 排列形式

现代汽车上基本采用水冷多缸柴油机。对于多缸柴油机，气缸的排列形式决定了柴油机的外形尺寸和结构特点，对柴油机机体的刚度和强度也有影响，并关系到汽车的总体布置。按气缸的排列形式不同，可将气缸体分成直列式、V形和对置式，如图 2-1-6 所示。

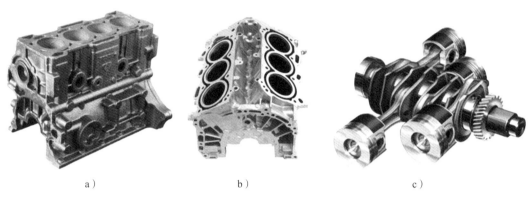

a）   b）   c）

图 2-1-6　气缸的排列形式
a）直列式　b）V形　c）对置式

（1）直列式

柴油机的各个气缸排成一列，一般是垂直布置的。直列式气缸体结构简单、加工容易，一般六缸以下柴油机多采用直列式。

（2）V形

为了降低柴油机的高度，将柴油机气缸排成两列并倾斜一定角度，左右两列气缸中心线的夹角 $\gamma < 180°$，称为 V 形柴油机。V 形柴油机与直列式柴油机相比，缩短了机体长度和高度，增加了气缸体的刚度，减轻了柴油机的重量，但加大了柴油机的宽度，且形状较复杂，加工困难，一般用于八缸以上的柴油机，六缸柴油机也有这种形式的气缸体。

（3）对置式

气缸排成两列，左右两列气缸在同一水平面上，即左右两列气缸中心线的夹角 $\gamma = 180°$，称为对置式。它的特点是高度小，总体布置方便，有利于风冷。这种气缸排列形式应用较少。

4. 气缸套的形式

（1）无气缸套

无气缸套的气缸也称整体式气缸，气缸直接镗在气缸体上，如图 2-1-7 所示。整体式气缸的强度和刚度好，能承受较大的载荷，这种气缸对材料要求高，成本高。

（2）干式气缸套

干式气缸套的特点是气缸套装入气缸体后，其外壁不直接与冷却液接触，而与气缸体直接接触，且壁厚较薄，一般为 1~3 mm。它具有整体式气缸的优点，强度和刚度都较好，但加工比较复杂，内、外表面都需要进行精加工，拆装不方便，散热不好，如图 2-1-8 所示。

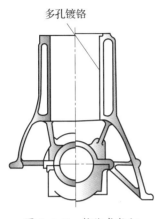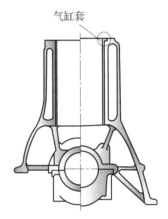

图 2-1-7　整体式气缸　　　　　　　　图 2-1-8　干式气缸套

（3）湿式气缸套

湿式气缸套的特点是气缸套装入气缸体后，其外壁直接与冷却液接触，气缸套仅在上、下各有一圆环形带和气缸体接触，壁厚一般为 5~9 mm。它的优点是散热良好，冷却均匀，加工容易，通常只需要精加工内表面，与冷却液接触的外表面不需要加工，拆装方便；缺点是强度、刚度不如干式气缸套好，且容易漏液，需采取防漏措施，如图 2-1-9 所示。

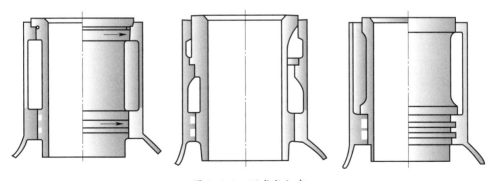

图 2-1-9　湿式气缸套

二、油底壳

下曲轴箱用来储存润滑油，并封闭上曲轴箱，又称为油底壳，如图 2-1-10 所示。油底壳受力很小，其形状取决于柴油机的总体布置和润滑油的容量。油底壳内装有稳油挡板，以防止汽车颠簸时油面波动过大；其底部还装有放油螺塞，放油螺塞带有磁性，可吸附润滑油中的金属屑，减少柴油机的磨损。上、下曲轴箱接合面之间装有衬垫，以防止润滑油泄漏。

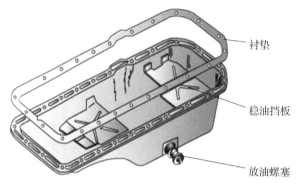

衬垫

稳油挡板

放油螺塞

图 2-1-10　油底壳

三、气缸盖

气缸盖安装在气缸体的上面，从上部密封气缸并构成燃烧室。气缸盖经常与高温高压燃气接触，因此承受很大的热负荷和机械负荷。水冷柴油机气缸盖内部制有冷却水套，气缸盖下端面的冷却液孔与气缸体的冷却液孔相通，利用冷却液的循环来冷却燃烧室等高温部分。

1. 分类

按气缸盖数量不同，气缸盖分为单体式和整体式两种类型。

（1）单体式气缸盖

单体式气缸盖的每一个气缸都设有一个气缸盖，其优点是制造容易，维修方便，气缸的密封性好，受热膨胀余地大，热应力小。在大、中型柴油机中普遍采用单体式气缸盖。

（2）整体式气缸盖

几个气缸的气缸盖连成一体称为整体式气缸盖，其优点是具有良好的刚性，较小的气缸中心距，便于排气道布置，常用于高速柴油机中。

2. 结构

气缸盖上加工有进气门座、排气门座、气门导管孔、安装喷油器的孔，部分机型气缸盖内部还设计有燃油回油腔。顶置凸轮轴式柴油机的气缸盖上还加工有凸轮轴轴承孔，用以安装凸轮轴。

3. 材料

气缸盖一般由灰铸铁或合金铸铁铸成。铝合金的导热性好，有利于提高柴油机的压缩比，因此铝合金气缸盖应用广泛。

四、气缸垫

气缸垫安装在气缸盖和气缸体之间，其作用是保证气缸盖与气缸体接触面的密封，防止漏气、漏水和漏油，如图 2-1-11 所示。

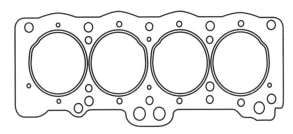

图 2-1-11　气缸垫

按材料不同，气缸垫分为金属石棉垫、金属复合材料垫和全金属垫等。

气缸垫有正反面之分，一般标记有"TOP（向上）"或"FRONT（向前）"字样的为正面，正面比较光滑，反面比较粗糙。气缸垫安装前要检查其质量，安装时，应注意粗糙面朝向易修正的接触面或硬平面，气缸垫上的孔要与气缸体上的孔对齐。

拧紧气缸盖螺栓时，必须按由中央对称地向四周扩展的顺序分 2～3 次进行，最后一次拧紧到规定的力矩，如图 2-1-12 所示。

图 2-1-12　气缸盖螺栓的拧紧顺序

五、机体组常见故障

1. 气缸体和气缸盖变形

气缸体和气缸盖变形主要是由气缸盖螺栓拆装顺序不当、高温下拆卸气缸盖、长期高速大负荷工作、装配时螺栓孔内存在污物或拧紧力矩过大等因素引起的。气缸体和气缸盖变形后，气缸的密封性下降，会造成柴油机漏气、漏水甚至冲坏气缸垫等故障。气缸体变形引起曲轴主轴承座孔同轴度误差增大，会加剧曲轴及其轴承的磨损。此外，气缸体和气缸盖的变形还会影响离合器和变速器的正常工作。

2. 气缸体和气缸盖裂纹

气缸体和气缸盖裂纹会导致冷却液或润滑油泄漏，影响柴油机正常工作。造成气缸体或气缸盖裂纹的主要原因是柴油机在严冬较长时间停用时，没有放尽冷却液或未使用防冻液；柴油机高温状态时骤加冷却液或冲洗柴油机；拆装或搬运不慎，使气缸体或气缸盖受到严重振动或碰撞。

3. 气缸磨损

在正常使用情况下，气缸沿高度方向的磨损呈上大下小的锥形，最大磨损发生在活塞处于上止点时第一道活塞环对应的气缸壁位置，与活塞环不接触的气缸体上平面由于几乎不发生磨损而形成明显的缸肩，如图 2-1-13 所示。特殊情况下，尤其是沙尘较大且润滑不良或连杆扭曲时，气缸套可能会呈现中间大、两头小的腰鼓形磨损。气缸套在径向截面内呈不规则的椭圆形磨损，最大磨损一般发生在气缸的前后或左右方向。

因此，在测量气缸磨损时，通常取上、中、下三个截面，并在气缸的前后和左右两个方向测量。

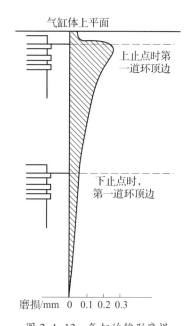

图 2-1-13　气缸的锥形磨损

任务实施

机体组的拆装与检测

一、工具、设备与辅料

1. 工具：汽车维修通用工具、专用工具、零件车。
2. 设备：柴油机翻转台架。
3. 辅料：润滑油、润滑脂、棉纱等。

二、操作步骤

机体组的拆装与检测见表 2-1-1。

表 2-1-1　　　　　　　　　　　　　　　机体组的拆卸与检测

（1）拆卸摇臂罩	
（2）拆卸摇臂及摇臂座	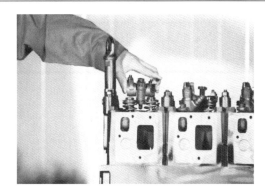
（3）拆卸气门推杆	
（4）拆卸传动带张紧轮	

（5）拆卸带轮及减振器	
（6）拆卸空压机	
（7）拆卸发电机及支架	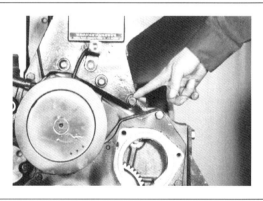
（8）拆卸水泵三通	

（9）拆卸水泵	
（10）拆卸齿轮室盖板	
（11）拆卸凸轮轴正时齿轮	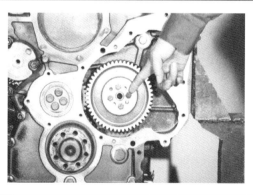
（12）拆卸飞轮	

（13）拆卸飞轮壳	
（14）拆卸油底壳及衬垫	
（15）拆卸集滤器	
（16）拆卸中间齿轮螺栓及定位销	

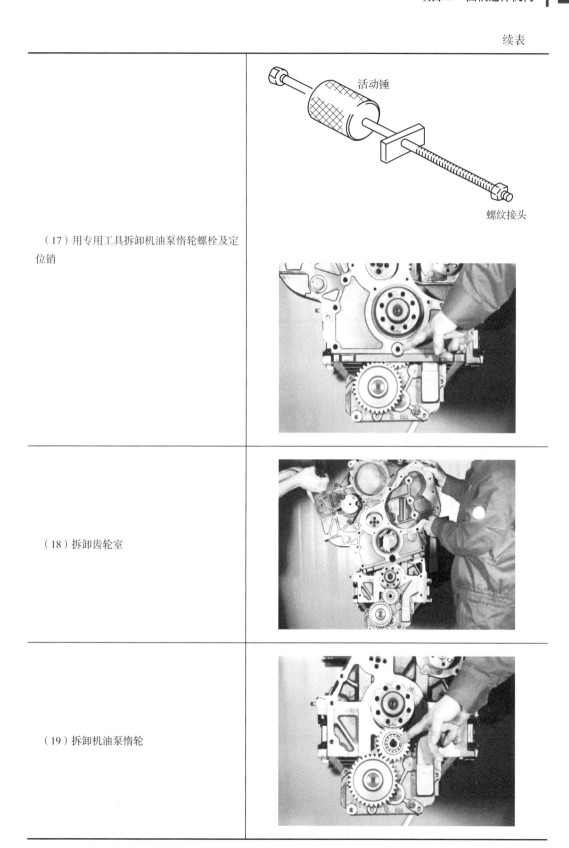

活动锤

螺纹接头

（17）用专用工具拆卸机油泵惰轮螺栓及定位销

（18）拆卸齿轮室

（19）拆卸机油泵惰轮

续表

（20）拆卸机油泵	
（21）拆卸气缸盖	
（22）拆卸气缸垫	
（23）拆卸气门挺柱	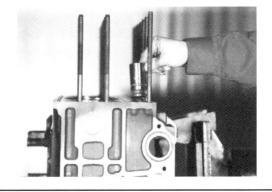

（24）拆卸活塞连杆组	
（25）拆卸曲轴箱	
（26）拆卸曲轴及曲轴止推片	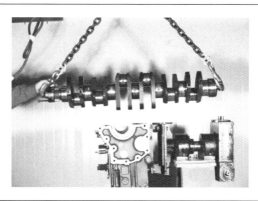
（27）拆卸主轴承轴瓦	

续表

（28）拆卸凸轮轴及凸轮轴止推片	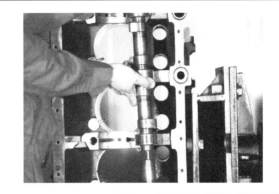
（29）拆卸活塞冷却液喷嘴	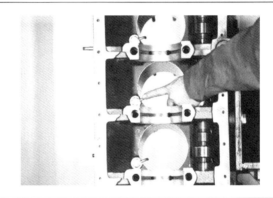
（30）用专用工具拆卸气缸套	 

续表

（31）将所拆卸的零部件按顺序摆放整齐	
（32）清理机体组各接合面	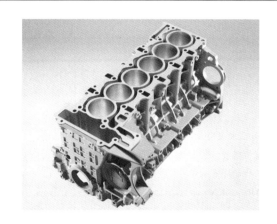
（33）测量主轴承孔与曲轴主轴颈尺寸，保证主轴承间隙为 0.095 ~ 0.171 mm	
（34）测量气缸体气缸直径与缸套外圆尺寸，保证气缸直径与缸套配合尺寸为 –0.01 ~ 0.033 mm	

（35）安装气缸套，气缸套外壁涂抹润滑剂，压装后气缸套上表面应高出气缸体上表面 0.05 ~ 0.10 mm

（36）安装飞轮壳，按右图所示顺序对称拧紧飞轮壳螺栓，装配前在螺栓凸缘面涂抹润滑油，飞轮壳螺栓可重复使用两次，拧紧力矩为 110 ~ 140 N·m

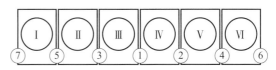

发动机左侧

a）拧紧编号为1~7的气缸盖副螺栓M12（双头螺栓）

发动机左侧

b）拧紧编号为1~24的气缸盖主螺栓M16（螺钉）

（37）安装气缸垫及气缸盖，气缸盖主螺栓允许使用三次，按右图所示顺序安装，使用扭矩扳手按照标准力矩拧紧

注意：右图中罗马数字代表气缸号，阿拉伯数字代表螺栓拧紧顺序

续表

（38）安装油底壳，按右图所示顺序拧紧油底壳紧固螺栓，拧紧力矩为 22~29 N·m	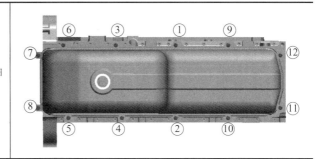

气缸体和气缸盖变形的检修

一、工具、设备与辅料

1. 工具：汽车维修通用工具、专用工具、零件车。

2. 设备：柴油机翻转台架。

3. 辅料：润滑油、润滑脂、棉纱等。

二、操作步骤

气缸体和气缸盖变形的检修见表 2-1-2。

表 2-1-2　　　　　　　　气缸体和气缸盖变形的检修

（1）将所测气缸盖倒放在检测平台上	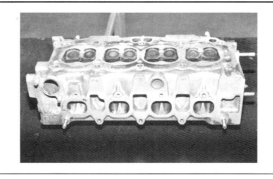
（2）将直尺或刀口形直尺沿一条对角线贴靠在气缸盖下（气缸体上）平面上，在直尺或刀口形直尺与气缸盖下（气缸体上）平面间的缝隙处插入塞尺，所测数值即为气缸盖下平面的平面度	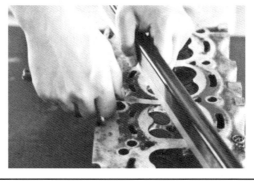

（3）将直尺或刀口形直尺沿另一条对角线贴靠在气缸盖下（气缸体上）平面上，在直尺或刀口形直尺与气缸盖下（气缸体上）平面间的缝隙处插入塞尺进行测量

（4）将所测气缸盖侧放在检测平台上，用同样方法检测平面的平面度

注意：气缸体上平面的平面度误差应不大于 0.15 mm，气缸盖下平面的平面度误差应不大于 0.10 mm。平面度误差超出标准时，应予以修复

（5）若气缸体上平面和气缸盖下平面的平面度误差超过使用极限，应用铣削、磨削的加工方法进行修复

气缸体上平面在铣、磨修理过程中，要始终以主轴承孔和气缸孔中心线为加工定位基准。每个气缸体上平面最多允许修理两次，每次的修磨量 a 应小于 0.25 mm，修磨总量

不能超过 0.5 mm。凡经修磨的气缸体应在气缸体后端右上角做标记，第一次修复标记为"X"，第二次修复标记为"XX"

　　注意：气缸体上平面经修磨后，应检查气缸体的高度 H（即主轴承孔中心至上平面的距离）；为保证压缩比，应选用对应规格的加厚气缸垫

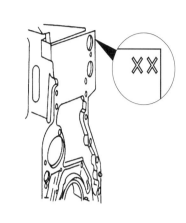

气缸体和气缸盖裂纹的检修

一、工具、设备与辅料

1. 工具：汽车维修通用工具、专用工具、零件车。

2. 设备：柴油机翻转台架。

3. 辅料：润滑油、润滑脂、棉纱等。

二、操作步骤

气缸体和气缸盖裂纹的检修见表 2–1–3。

表 2–1–3　　　　　　　　　　气缸体和气缸盖裂纹的检修

　　气缸体与气缸盖裂纹通常用水压试验进行检验。试验时，将气缸盖和气缸垫安装到气缸体上，按规定力矩拧紧气缸盖螺栓，将水压机出水管接头接到气缸体前端的进水口处，封闭其他水道口，然后将水压入气缸体水套中，通常要求水压力为 350 ~ 450 kPa，保持 5 min。如发现气缸体、气缸盖有水珠渗出来，说明该处有裂纹。气缸体或气缸盖出现裂纹时，必须进行修补或更换新件

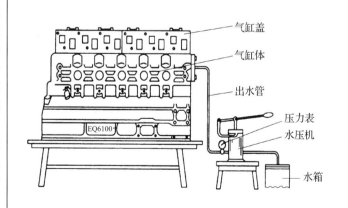

气缸磨损的检修

一、工具、设备与辅料

1. 工具：汽车维修通用工具、专用工具、零件车。

2. 设备：柴油机翻转台架。

3. 辅料：润滑油、润滑脂、棉纱等。

二、操作步骤

气缸磨损的检修见表 2-1-4。

表 2-1-4 气缸磨损的检修

（1）组装内径量缸表。根据被测气缸直径的大小，选择合适长度的接杆接于量缸表下端，并将百分表装于量缸表表杆上端的安装孔中，安装后，表针应转动灵活	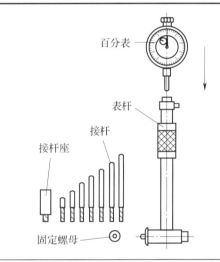
（2）校表。将外径千分尺校准到被测气缸的标准尺寸，将量缸表校准到外径千分尺的尺寸，转动表盘，指针调零并记住小指针指示的毫米数	

（3）使用量缸表在磨损最大部位（活塞位于上止点时第一道活塞环所对应的位置）的横断面上测量，然后旋转90°再次测量，两次读数差值的一半即为该气缸的圆度误差

（4）用同样方法测量气缸直径在气缸中（气缸中部）、下（距气缸下边缘10 mm左右）截面，在每个截面上沿柴油机的前后方向和左右方向分别测量出气缸的直径并计算圆柱度

　　三处测量尺寸最大与最小读数差值的一半，即为此气缸的圆柱度误差

（5）测量后，只要有一个气缸的磨损量超过标准，就应对柴油机进行大修。气缸磨损超过最后一级修理尺寸，或个别气缸发生事故性损坏时，可在气缸内镶配新气缸套。镶套后，将气缸镗磨到同一级修理尺寸，如气缸磨损很小，但与活塞配合间隙大而产生敲缸时，可更换同级加大尺寸的活塞。对气缸套的修理，主要采用镗削和磨削两种加工方法

任务 2　活塞连杆组

学习目标

1. 能讲述活塞连杆组的组成。
2. 能讲述活塞连杆组各零部件的结构特点和工作原理。
3. 依据汽车维修操作要求，熟练、规范地完成活塞连杆组的拆卸与装配。
4. 依据汽车维修操作要求，熟练、规范地完成活塞环的检测。
5. 依据汽车维修操作要求，熟练、规范地完成连杆的检验与校正。

情境导入

某重型载货汽车行驶近 300 000 km，客户反映该车燃油及润滑油消耗增加，排气管冒蓝烟、废气有刺鼻的气味。经检查，初步判定是该车活塞及活塞环磨损严重导致。通过本任务内容的学习，能否对柴油机的活塞及活塞环的磨损程度进行检查和判定呢？

相关知识

活塞连杆组由活塞、活塞环、活塞销、连杆、连杆轴瓦等部件组成，如图 2-2-1 所示。

一、活塞

活塞的作用是承受气体压力，并通过活塞销传给连杆带动曲轴旋转。

1. 对活塞的要求

活塞在高温、高压、高速、润滑不良的条件下工作，直接与高温气体接触，瞬时温度可达 2 500 K 以上，受热严重且散热条件又很差。活塞工作时，其顶部温度高达 600～700 K（327～427 ℃），且温度分布不均匀，承受气体压力大，特别是做功行程压力最大，这就

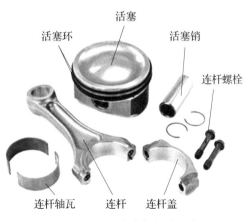

图 2-2-1　活塞连杆组的组成

使得活塞产生冲击,并承受侧压力的作用。活塞在气缸内以很高的速度往复运动,且速度不断变化,会产生很大的惯性力,使活塞受到很大的附加载荷。活塞在恶劣的条件下工作,会产生变形并加速磨损,同时还受到燃气的化学腐蚀作用。因此对活塞的要求如下:

(1)要有足够的刚度和强度,传力可靠。

(2)导热性能好,有充分的散热能力。

(3)质量小,尽可能地减小往复惯性力。

(4)要耐高压、耐磨损。

(5)活塞与缸壁间要保持最小的间隙。

(6)活塞与缸壁间应有较小的摩擦系数。

铝合金材料基本能满足上述要求,因此,活塞一般都采用高强度铝合金制造,在一些低速柴油机上也采用高级铸铁或耐热钢。

2. 活塞的结构

活塞由活塞顶部、活塞头部和活塞裙部三部分组成,如图 2-2-2 所示。

(1)活塞顶部

活塞顶部承受气体压力,是燃烧室的组成部分,其形状、位置、大小与燃烧室的具体形式有关,都是为了满足可燃混合气的形成和燃烧要求。柴油机活塞顶部形状取决于混合气的形成方式和燃烧室形状。采

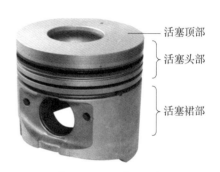

图 2-2-2 活塞的结构

用分隔式燃烧室的柴油机,活塞顶部设有形状不同的凹坑,如图 2-2-3 所示,以便在主燃烧室内形成二次涡流,增强混合气的形成与燃烧。

柴油机还有另一类燃烧室,称为直喷式燃烧室,其全部容积都集中在气缸内,且在活塞顶部设有深浅不一、形状各异的凹坑,如图 2-2-4 所示。在采用直喷式燃烧室的柴油机中,喷油器将燃油直接喷射入燃烧室凹坑内,使其与运动气流相混合,形成可燃混合气并燃烧。

(2)活塞头部

活塞头部是指第一道活塞环槽到活塞销孔的部分。柴油机压缩比高,一般有 3~5 道环槽,上部环槽安装气环,下部环槽安装油环。第一道环槽工作条件最恶劣,一般应离顶部较远些。

活塞头部除用来安装活塞环外,还有密封和传热作用。活塞头部与活塞环一起密封气缸,防止可燃混合气漏到曲轴箱内,同时还将活塞顶部吸收热量的 70%~80% 通过活塞环传给气缸壁。

活塞头部的形状如图 2-2-5 所示。

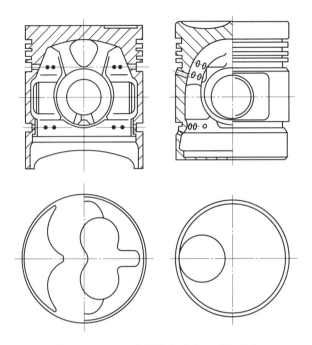

图 2-2-3　分隔式燃烧室的活塞顶部形状

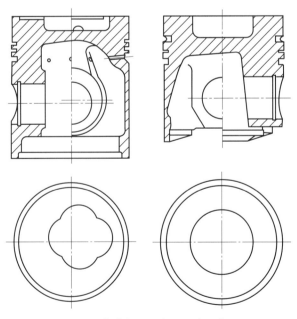

图 2-2-4　直喷式燃烧室的活塞顶部形状

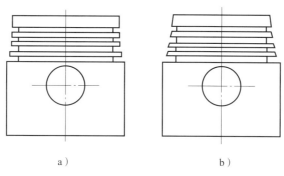

a）　　　　　　　　b）

图 2-2-5　活塞头部的形状

a）阶梯形　b）锥形

（3）活塞裙部

活塞裙部是指从油环槽下端面起至活塞最下端的部分，包括安装活塞销的销座孔。活塞裙部对活塞在气缸内的往复运动起导向作用，并承受侧压力。裙部的长短取决于侧压力的大小和活塞直径。其结构特点如下：

1）裙部为椭圆形。为了使裙部两侧承受气体压力并与气缸保持小而安全的间隙，要求活塞在工作时为圆柱形。裙部承受气体侧压力的作用，导致活塞销沿轴向的变形量较沿垂直方向的变形量大，如图 2-2-6a 所示。活塞裙部厚度不均匀，活塞销座孔部分的金属较厚，受热膨胀量大，沿活塞销座孔轴线方向的变形量大于其他方向，如图 2-2-6b 所示。活塞冷态时裙部为圆形，工作时活塞裙部就会变成椭圆形，如图 2-2-6c 所示，活塞与气缸之间圆周间隙不相等，造成活塞卡在气缸内，发动机无法正常工作。因此，在加工时预先把活塞裙部做成椭圆形，椭圆的长轴方向与活塞销座孔轴线垂直，短轴方向沿活塞销座孔的方向，这样活塞工作时才趋近正圆。

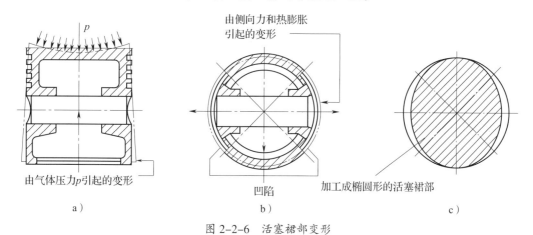

a）　　　　　　　　　b）　　　　　　　　　c）

图 2-2-6　活塞裙部变形

2）上部做成阶梯形或锥形。如图 2-2-7 所示，活塞沿垂直方向的温度分布不均匀，一般是上部高、下部低，因此膨胀量也是上部大、下部小。为了使活塞工作时的上、下直径趋于相等（即为圆柱形），就必须预先把活塞制成上小下大的阶梯形或锥形。

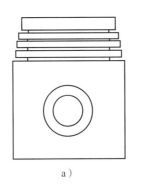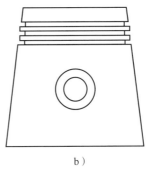

a）   b）

图 2-2-7　活塞裙部沿垂直方向的形状

a）阶梯形　b）锥形

3）拖板式活塞。有些活塞为了减小质量，在裙部开孔或把裙部不受侧压力的两边切去一部分，以减小惯性力，减小活塞销座孔附近的热变形量，形成拖板式活塞或短活塞，如图 2-2-8 所示。拖板式活塞裙部弹性好、质量小，活塞与气缸的配合间隙较小，适用于高速柴油机。

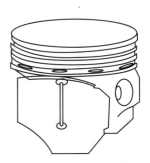

4）活塞裙部镶筒形钢片。如图 2-2-9 所示，在浇铸这种活塞时，筒形钢片夹在铝合金中间。在铝合金冷凝时，铝合金的收缩量比钢大得多，因此筒形钢片外侧的铝合金层包紧在筒

图 2-2-8　拖板式活塞

形钢片上，并使铝合金产生拉应力，筒形钢片产生压应力。筒形钢片内侧的铝合金自由收缩，于是在筒形钢片与内侧铝合金层之间形成"收缩缝隙"。柴油机工作时，随着活塞温度的升高，首先要消除筒形钢片与内侧铝合金层间的收缩缝隙和筒形钢片与外侧铝合金层的残余应力，然后才向外膨胀，可以使整个活塞裙部的热膨胀量相应减小。

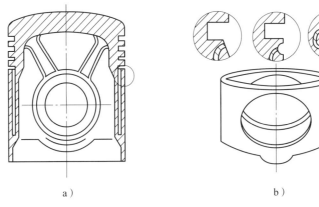

a）   b）

图 2-2-9　活塞裙部镶筒形钢片

a）结构　b）筒形钢片的形状

二、活塞环

活塞环是具有弹性的开口环，有气环和油环之分，其结构如图 2-2-10 所示。柴油机

工作时，活塞和活塞环都会发生热膨胀，并且活塞环随活塞在气缸内做往复运动时，有径向收缩变形现象。因此，活塞环在气缸内应有开口间隙（端隙），与活塞环槽间应有侧隙与背隙。其中，侧隙是指安装到活塞上后，活塞环侧面与活塞环槽之间的间隙；背隙是指活塞环装入气缸后，环的背面与环槽槽底之间的间隙。

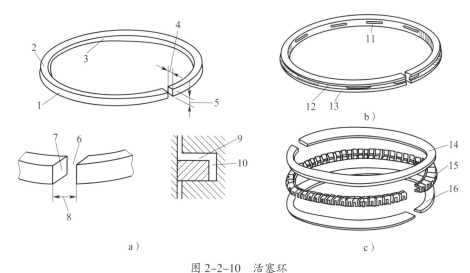

图 2-2-10　活塞环

a）气环　b）整体式油环　c）组合式油环

1—外圆面　2—侧面　3—内圆面　4—径向厚度　5—环高　6—开口　7—开口端面
8—端隙　9—侧隙　10—背隙　11—回油孔　12—上刮油唇　13—下刮油唇
14—上刮片　15—撑簧　16—下刮片

1. 气环

气环的作用是保证气缸与活塞间的密封性，防止漏气，并且把活塞顶部吸收的大部分热量传给气缸壁，由冷却液带走。

气环有开口，具有弹性，在自由状态下其外径大于气缸直径。它与活塞一起装入气缸后，其外圆面紧贴在气缸壁上，形成第一密封面；被封闭的气体不能通过环周与气缸之间，便进入了环与环槽的空隙，把环压到环槽端面形成第二密封面，如图 2-2-11 所示。气环的密封效果与气环数量有关，柴油机一般多采用三道气环。

气环断面的形状很多，最常见的有矩形环、锥面环、扭曲环、梯形环和桶面环，如图 2-2-12 所示。矩形环结构简单、制造方便、易于生产、应用最广，但随活塞的往复运动，矩形环会把气缸壁表面上的润滑油不断地送入气缸中，这种现象称为"泵油作用"，如图 2-2-13 所示。扭曲环可以减轻"泵油"的副作用，因此被广泛地应用于第二道活塞环槽上，安装时必须注意断面形状和方向，内

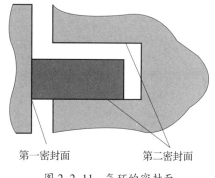

图 2-2-11　气环的密封面

第一密封面　第二密封面

切口朝上，外切口朝下，不能装反。锥面环由于锥面的"油楔"作用，能在油膜上"飘浮"过去，减小磨损，安装时不能装反（否则会引起润滑油上窜）。

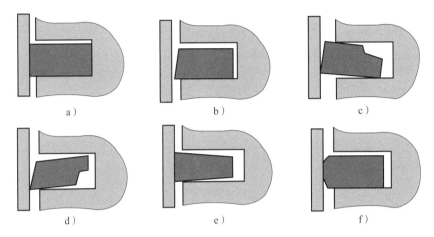

图 2-2-12　气环断面的形状

a）矩形环　b）锥面环　c）扭曲环（一）　d）扭曲环（二）　e）梯形环　f）桶面环

2. 油环

油环有普通油环和组合式油环两种。

（1）普通油环

普通油环又称为整体式油环（图 2-2-10b），环的外圆柱面中间加工有凹槽，槽中钻有回油孔或开有切槽。当活塞向下运动时，将气缸壁上多余的润滑油刮下，通过回油孔或切槽流回曲轴箱；当活塞向上运动时，刮下的润滑油仍通过回油孔流回曲轴箱。有些普通油环还在外侧上边制有倒角，使环随活塞上行时形成油楔，起到均布润滑油的作用，如图 2-2-14 所示。

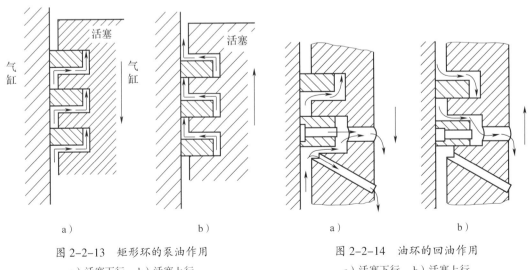

图 2-2-13　矩形环的泵油作用

a）活塞下行　b）活塞上行

图 2-2-14　油环的回油作用

a）活塞下行　b）活塞上行

（2）组合式油环（图2-2-10c）

组合式油环由上、下刮片和撑簧组成。这种油环的接触压力高，对气缸壁表面的适应性好，且回油通路大，质量小，刮油效果明显。汽车柴油机上越来越多地采用组合式油环，但其缺点是制造成本高。

三、活塞销

活塞销的作用是连接活塞和连杆小头，并把活塞承受的气体压力传给连杆。

活塞销在高温下周期性地承受很大的冲击载荷，其本身又做摆转运动，且在润滑条件很差的环境下工作，因此，活塞销要具有足够的强度和刚度，且表面应韧性、耐磨性好，质量小。活塞销一般做成空心圆柱体，采用低碳钢和低碳合金钢制成，外表面经渗碳淬火处理以提高其硬度，精加工后进行光磨，有较高的尺寸精度。

活塞销与活塞销座孔及连杆小头衬套孔的连接配合有两种方式，如图2-2-15所示，即全浮式安装和半浮式安装。

1. 全浮式安装

柴油机在正常温度工作时，全浮式安装的活塞销能在连杆衬套和活塞销座孔中自由转动，增大了实际接触面积，减小了磨损且使磨损均匀，因此这种安装方式被广泛应用，如图2-2-15a所示。

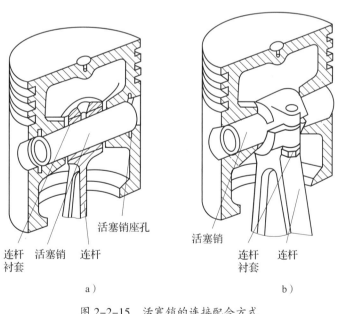

活塞销座孔

连杆　活塞销　连杆

衬套

a）

活塞销

连杆　连杆

衬套

b）

图2-2-15　活塞销的连接配合方式

a）全浮式　b）半浮式

2. 半浮式安装

如图2-2-15b所示，活塞销中部与连杆小头采用紧固螺栓连接，活塞销只能在两端座孔内自由摆动，而与连杆小头没有相对运动。活塞销不会轴向蹿动，也不需要锁片。活塞销半浮式安装在乘用车上应用较多。

四、连杆的结构与检验

连杆组由连杆体、连杆盖、连杆螺栓和连杆轴承轴瓦等零部件组成，如图 2-2-16 所示。

连杆的作用是连接活塞与曲轴。连杆小头通过活塞销与活塞相连，连杆大头与曲轴的连杆轴颈相连，并把活塞承受的气体压力传给曲轴，使活塞的往复运动转变成曲轴的旋转运动。

连杆工作时，承受活塞顶部气体压力和惯性力的作用，而这些力的大小和方向都是周期性变化的。因此，连杆受到的是压缩、拉伸和弯曲等交变载荷。这就要求连杆强度高、刚度大、质量小。连杆一般采用中碳钢或合金钢经模锻或辊锻，然后经机加工和热处理制成。

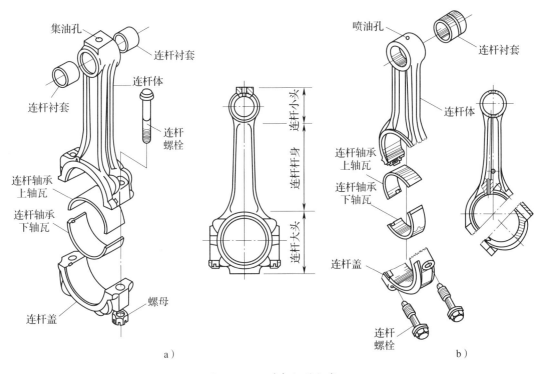

图 2-2-16　连杆组的组成
a）正切口式　b）斜切口式

1. 连杆的结构

连杆分为连杆小头、连杆杆身和连杆大头（包括连杆盖）三个部分。

（1）连杆小头

连杆小头与活塞销相连。对于全浮式活塞销，由于工作时连杆小头孔与活塞销之间有相对运动，因此常在连杆小头孔中压入减磨的青铜衬套。为了润滑活塞销与衬套，在连杆小头和衬套上铣有油槽或钻有油孔，以收集柴油机运转时飞溅上来的润滑油。有些柴油机的连杆小头采用压力润滑，在连杆杆身内钻有纵向的压力油通道。半浮式活塞销与连杆小头是固定连接的，因此连杆小头孔内不需要衬套，也不需要润滑。

（2）连杆杆身

连杆杆身通常做成"I"字形断面，抗弯强度高，质量小，适于模锻。有的连杆在杆身内加工有油道，用来润滑连杆小头衬套或冷却活塞。

（3）连杆大头

连杆大头与曲轴的连杆轴颈相连，大头有整体式和分开式两种（一般采用分开式）。

由于柴油机压缩比大，受力较大，曲轴的连杆轴颈较粗，连杆大头尺寸一般大于气缸直径。为了使连杆大头能通过气缸，便于拆装，一般采用斜切口式，如图 2-2-16b 所示。斜切口面与连杆杆身轴线成 30°～60° 夹角，最常见的是 45° 夹角。

连杆大头分开可取下的部分称为连杆盖，连杆与连杆盖配对加工，加工后，在它们同一侧打上配对记号，安装时不得互相调换或变更方向。斜切口式连杆大头常用的定位方式有锯齿定位、套筒定位、圆柱销定位和止口定位，如图 2-2-17 所示。

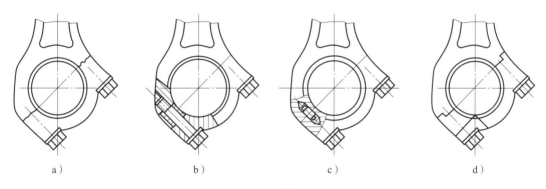

图 2-2-17　斜切口式连杆大头的定位方式
a）锯齿定位　b）套筒定位　c）圆柱销定位　d）止口定位

连杆盖和连杆大头用连杆螺栓连在一起，连杆螺栓在工作中承受很大的冲击力，若折断或松脱将造成严重事故。因此，连杆螺栓采用优质合金钢材料，并经加工和热处理制成。拧紧连杆螺栓和螺母时，要用扭力扳手分 2～3 次交替均匀地拧紧到规定的力矩，拧紧后还应可靠锁紧。连杆螺栓损坏后绝不能用其他螺栓来代替。

2. 连杆的检验

连杆变形可用连杆检验仪进行检验，连杆检验仪有多种类型，常用的是百分表式和三点规式。用三点规式连杆检验仪检验连杆弯曲变形如图 2-2-18 所示。

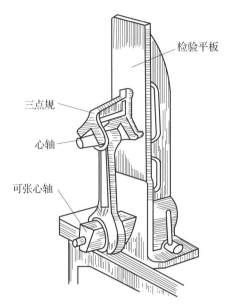

图 2-2-18　三点规式连杆检验仪检验连杆弯曲变形

任务实施

活塞连杆组的拆卸与装配

一、工具、设备与辅料

1. 工具：汽车维修通用工具、专用工具、零件车、活塞环拆装钳、活塞环收紧器。

2. 设备：柴油机翻转台架。

3. 辅料：润滑油、润滑脂、棉纱等。

二、操作步骤

活塞连杆组的拆卸与装配见表 2-2-1。

表 2-2-1　　　　　　　　　　　活塞连杆组的拆卸与装配

（1）用活塞环拆装钳拆下气环	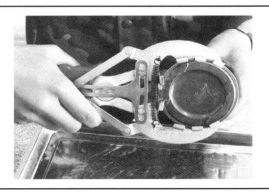

（2）拆卸组合式油环	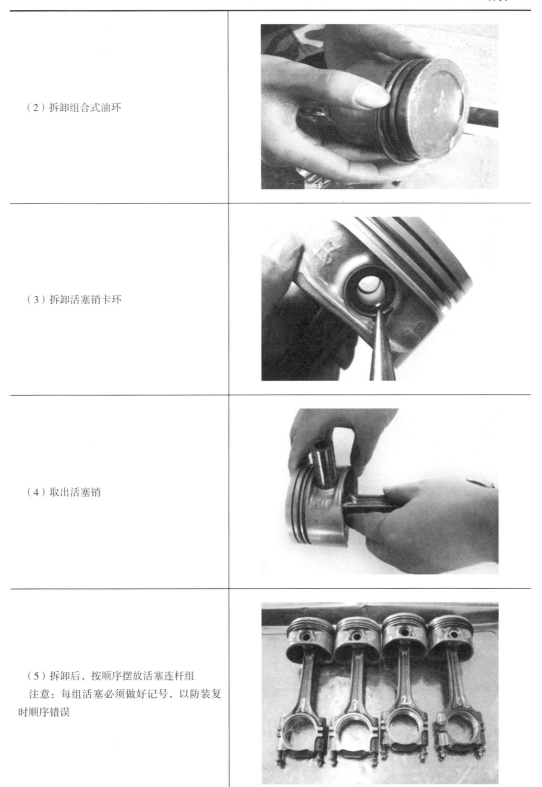
（3）拆卸活塞销卡环	
（4）取出活塞销	
（5）拆卸后，按顺序摆放活塞连杆组 　注意：每组活塞必须做好记号，以防装复时顺序错误	

续表

（6）装配油环时，油环开口与油环内撑簧开口不能重叠，两道气环中上部为梯形环，下部为锥面环，安装时有字母标记的一面朝上

（7）将连杆小头插入活塞内腔，并使连杆小头与活塞销座孔对正，然后装入活塞销，再将另一侧活塞销挡圈装入。

注意：连杆斜切口方向与活塞冷却液进油孔方向相反，连杆小头孔及活塞销装配前应涂抹适量润滑油。

（8）第一道气环开口与活塞销座孔中心线成30°，第二道气环开口与活塞销座孔中心线成150°（30°+120°）

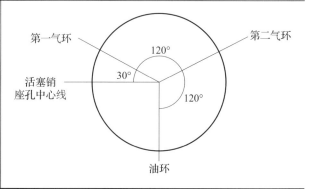

续表

（9）将活塞和活塞环插入活塞环收紧器中，然后将活塞和活塞环推入气缸	
（10）连杆大头端连杆体与连杆盖配对数字必须一致	
（11）按照标准力矩拧紧连杆螺栓	
（12）调整到一缸活塞处于上止点位置	

活塞环的检测

一、工具、设备与辅料

1. 工具：汽车维修通用工具、专用工具、零件车、塞尺。

2. 设备：专用检验仪。

3. 辅料：润滑油、润滑脂、棉纱等。

二、操作步骤

活塞环的检测见表 2–2–2。

表 2–2–2　　　　　　　　　　　活塞环的检测

（1）端隙的检测 　将活塞环置于气缸内，处于不曾磨损或磨损最小的地方，用活塞顶部将活塞环推平，然后将塞尺插入活塞环开口处进行测量。若端隙大于规定值，应重新选取活塞环；若端隙小于规定值，可对环口的一端进行锉削（只能锉削一端环口，并去除毛刺，以防刮伤气缸）	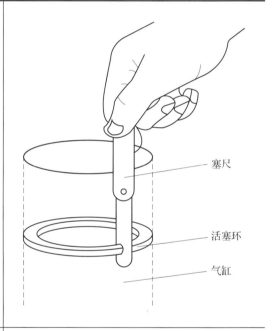塞尺 活塞环 气缸
（2）侧隙的检测 　将活塞环放入相应的环槽中滚动检查时，活塞环滚动应灵活且不松旷。用塞尺测量时，侧隙应符合规定，侧隙过大或过小均应重新选取活塞环	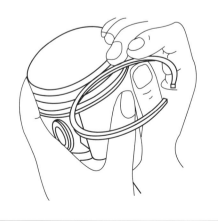

续表

（3）背隙的检测

　　为了测量方便，通常以环槽深与环的宽度之差表示背隙。将活塞环推靠到环槽槽底后，其外圆面应低于环岸 0～0.35 mm，否则应车深环槽或重新选配活塞环

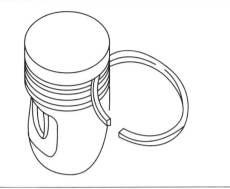

（4）活塞环弹力的检测

　　活塞环的弹力可用专用的检验仪进行检验。如右图所示，检验时，将活塞环置于滚轮和底座之间，沿秤杆移动活动量块，使活塞环的端隙达到规定值，此时由活动量块在秤杆上的位置即可读出活塞环的弹力

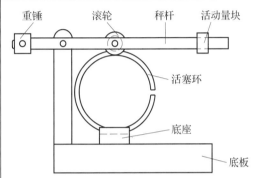

（5）活塞环漏光的检测

　　漏光检测的目的是检查活塞环与气缸壁的贴合度，生产中通常用简易法对活塞环的漏光度进行检测。检测时将被检测的活塞环放于气缸内，并用活塞推平，然后用轻质盖板将活塞环的内圈盖住（盖板外圆不得与气缸壁接触），在气缸下部放一光源，由上方观察活塞环的漏光程度。如不漏光，则密封性好

　　漏光检测时，活塞环开口左右 30°范围内不应有漏光点；同一活塞环漏光点不得多于两处，每处漏光弧长对应的圆心角不得超过 25°，同一环上漏光总弧长对应的圆心角不得超过 45°；漏光缝隙应不大于 0.03 mm

连杆的检验与校正

一、工具、设备与辅料

1. 工具：汽车维修通用工具、专用工具、零件车、塞尺。

2. 设备：柴油机翻转台架、连杆检验仪。

3. 辅料：润滑油、润滑脂、棉纱等。

二、操作步骤

连杆的检验与校正见表 2-2-3。

表 2-2-3　　　　　　　　　　　　连杆的检验与校正

（1）先将连杆盖安装到杆身上（不装连杆轴承），按规定力矩拧紧连杆螺栓。将专用心轴装入已拆除衬套的连杆小头孔中（无专用心轴时可用活塞销代替，但必须预先修配和安装好连杆衬套）。将连杆大头套到连杆检验仪的可张心轴上并张紧	
（2）将三点规安放到连杆小头孔中的心轴上，并将其推靠到检验平板上	
（3）用塞尺测量三点规的三个测点到检验平板的距离	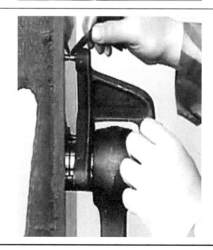

（4）三个测点均与检验平板接触时，表明连杆无弯曲变形 　　如果只有上测点与检验平板接触，且两下测点到检验平板的距离相等，或只有上测点不与检验平板接触，表明连杆存在弯曲变形，测点与检验平板的间隙值即为连杆在 100 mm 长度上的弯曲度 　　如果只有一个下测点与检验平板接触，且另一下测点到检验平板的距离为上测点到检验平板距离的 2 倍，表明连杆存在扭曲变形，下测点到检验平板的距离即为连杆在 100 mm 长度上的扭曲度 　　如果只有一个下测点与检验平板接触，且另一下测点到检验平板的距离不等于上测点到检验平板距离的 2 倍，表明连杆同时存在弯曲变形和扭曲变形	
（5）连杆扭曲变形的校正 　　将连杆大头的连杆盖装好，套在连杆检验仪的心轴上，用扳钳进行校正，直到合格为止	
（6）连杆弯曲变形的校正 　　将弯曲的连杆置于压具上，使弯曲的部位朝上，并在对正丝杆的部位放好垫块 　　施加压力，使连杆向已弯曲的反方向产生变形，并使连杆变形量达到已弯曲部位变形量的数倍以上 　　停止一定时间，等金属组织稳定后，再去掉外载荷重新检查校正情况，确定是否需要再校正	

任务3 曲轴飞轮组

学习目标

1. 能讲述曲轴飞轮组的组成。
2. 能讲述曲轴飞轮组各零部件的结构特点和工作原理。
3. 依据汽车维修操作要求，熟练、规范地完成曲轴飞轮组的拆卸与装配。
4. 依据汽车维修操作要求，熟练、规范地完成曲轴径向间隙和轴向间隙的检测。

情境导入

某重型载货汽车行驶近 400 000 km，客户反映在行驶过程中，发动机有沉闷的异响声，踩下离合器踏板，异响消失。经检查，初步判定为曲轴轴向间隙过大，导致曲轴轴向窜动。通过本任务的学习，能否对柴油机曲轴轴向间隙进行检查和判定呢？

相关知识

曲轴飞轮组主要由曲轴、飞轮和其他附件等组成，如图 2-3-1 所示。

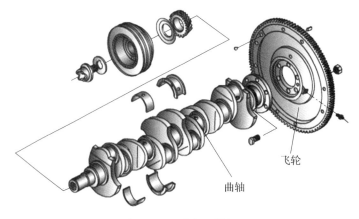

飞轮

曲轴

图 2-3-1 曲轴飞轮组

一、曲轴

曲轴是柴油机的重要机件之一，其主要作用是把活塞连杆组传来的气体压力变为旋转的动力并对外输出；另外，曲轴还用来驱动配气机构和其他辅助装置，如风扇、水泵、发电机等。

工作时，曲轴承受气体压力、惯性力及惯性力矩的作用（受力大且复杂），同时还承受交变载荷的冲击作用。曲轴是高速旋转件，因此，要求其具有足够的刚度和强度，能承受冲击载荷，耐磨损且润滑良好。

曲轴一般用中碳钢或中碳合金钢模锻而成。为提高耐磨性和抗疲劳强度，轴颈表面经高频淬火或氮化处理，并经精磨加工，以达到较高的表面硬度和表面粗糙度的要求。由于球墨铸铁价格便宜，耐磨性好，轴颈不需硬化处理，同时金属消耗量和机械加工量少，因此被广泛用作现代汽车柴油机的曲轴材料。

曲轴一般由主轴颈、连杆轴颈、曲柄、平衡块、前端和后端等组成，如图 2-3-2 所示。一个主轴颈、一个连杆轴颈和一个曲柄组成一个曲拐，直列式柴油机曲拐的数等于气缸数，V 形柴油机曲拐数等于气缸数的一半。

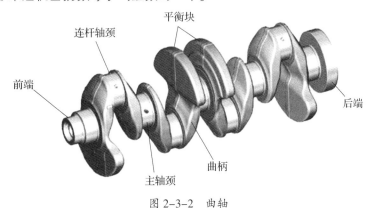

图 2-3-2　曲轴

1. 主轴颈

主轴颈是曲轴的支承部分，曲轴通过主轴承支承在曲轴箱的主轴承座中。主轴颈的数目不仅与柴油机气缸数有关，还取决于曲轴的支承方式。曲轴的支承方式有两种，一种是全支承曲轴，另一种是非全支承曲轴，如图 2-3-3 所示。

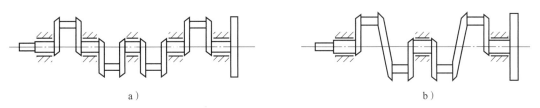

a）　　　　　　　　　　　　　　　　　　b）

图 2-3-3　曲轴的支承方式

a）全支承曲轴　b）非全支承曲轴

（1）全支承曲轴

曲轴的主轴颈数比气缸数多一个，即每一个连杆轴颈两边都有一个主轴颈。如六缸柴油机全支承曲轴有七个主轴颈，四缸柴油机全支承曲轴有五个主轴颈。全支承曲轴的强度和刚度都比较好，并且减轻了主轴承载荷，减小了磨损。大部分汽车柴油机曲轴多采用这种形式。

（2）非全支承曲轴

曲轴的主轴颈数比气缸数目少或与气缸数目相等，这种支承方式称为非全支承曲轴。非全支承曲轴的主轴承载荷较大，缩短了曲轴的总长度，使发动机的总体长度有所减小。有些汽油机因承受载荷较小可以采用这种曲轴形式。

2. 连杆轴颈

曲轴的连杆轴颈是曲轴与连杆的连接部分，通过曲柄与主轴颈相连，在连接处用圆弧过渡，以减少应力集中。直列式柴油机的连杆轴颈数与气缸数相等，V形柴油机的连杆轴颈数等于气缸数的一半。

3. 曲柄

曲柄是主轴颈和连杆轴颈的连接部分，其断面为椭圆形，为了平衡惯性力，曲柄处铸有（或紧固有）平衡块。平衡块用来平衡柴油机不平衡的离心力矩，有时还用来平衡一部分往复惯性力，从而使曲轴旋转平稳。

4. 曲轴前端

曲轴前端装有正时齿轮、驱动风扇和水泵带轮等。为了防止润滑油沿曲轴轴颈外漏，在曲轴前端装有一个甩油盘，在齿轮室盖上装有油封。

5. 曲轴后端

曲轴后端用来安装飞轮，在后轴颈与飞轮凸缘之间制成挡油凸缘与回油螺纹，并用密封圈密封，以防止润滑油向后蹿漏。

6. 曲轴轴颈的检测

（1）曲轴裂纹的检测

曲轴取出经清洗后，首先检查主轴颈及各连杆轴颈表面有无毛糙、疤痕和凹槽，然后检查有无裂纹。

1）目视检查曲轴裂纹。曲轴裂纹多发生在曲柄臂与轴颈之间的过渡圆角及油孔处，如图2-3-4所示，前者是横向裂纹，危害极大，如有应更换曲轴；后者是轴向裂纹，必要时也应更换曲轴。

2）渗油敲击法检查曲轴裂纹。将清洗干净的曲轴放在润滑油中浸泡，取出曲轴擦净表面，并在表面撒上白粉，然后用锤子沿轴向敲击曲轴非工作面，白粉中如有明显裂纹状油迹出现，则该处有裂纹。

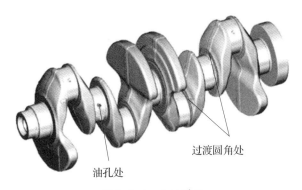

过渡圆角处

油孔处

图 2-3-4 曲轴裂纹

曲轴裂纹的检查方法还有磁力探伤法、荧光探伤法等。

（2）曲轴弯曲的检测

曲轴弯曲变形多数是使用或修理不当引起的，严重的变形一般是机械事故引起的。柴油机曲轴弯曲变形会影响其正常工作。

如图 2-3-5 所示，检测曲轴弯曲变形的方法是将曲轴第一道和最后一道主轴颈放置在检验平板的 V 形架上，百分表触头垂直接触中间一道主轴颈，转动曲轴，此时百分表指针指示的最大摆差，即为曲轴主轴颈的同轴度偏差。中型货车曲轴主轴颈的同轴度偏差一般应不大于 0.15 mm。整体式曲轴的弯曲摆动误差如果大于 0.1 mm，应进行修磨。

图 2-3-5 曲轴弯曲的检测

（3）曲轴扭曲的检测

检测曲轴扭曲变形时，将曲轴置于检验平板的 V 形架上，将第一、第六缸连杆轴颈转到水平位置，用百分表测量两轴颈至检验平板的距离，求得同一方位上两轴颈至平板距离的高度差 ΔA，即可求得曲轴扭转变形的扭转角 θ：

$$\theta = \frac{360 \cdot \Delta A}{2\pi R} = 57\Delta A/R$$

式中　　R——曲柄半径。

（4）曲轴轴颈磨损的检测

曲轴轴颈的磨损通常用外径千分尺来测量，如图 2-3-6 所示。每个轴颈测量两个截面，每个截面测量 3~4 个方向的直径。将每次测量的直径记录下来，最后计算出曲轴各轴的圆度误差和圆柱度误差，计算方法与测量气缸的方法类似。

曲轴轴颈磨损超过技术要求后，应采用缩小直径的方法来恢复轴颈的几何形状。如果存在擦伤或烧伤等损伤，也可用上述方法来修理。在实际生产中，一般应按修理尺寸进行磨轴修复。主轴颈和连杆轴颈可以被修

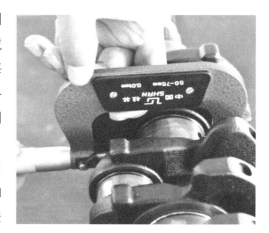

图 2-3-6　曲轴轴颈磨损的检测

磨减小 0.25 mm、0.50 mm、0.75 mm 和 1 mm 四个等级，每级差值为 0.25 mm。

修磨轴颈时，磨削方向应与柴油机工作时曲轴的旋转方向（从曲轴前端顺时针方向看）相反，抛光方向应与曲轴旋转方向相同。

二、柴油机的着火顺序和曲拐布置

曲轴的形状和曲拐相对位置（即曲拐的布置）取决于气缸数、气缸排列和柴油机的着火顺序。安排多缸柴油机着火顺序时，应注意使连续做功的两缸相距尽可能远，以减轻主轴承的载荷，同时避免可能发生的进气重叠现象。做功间隔应力求均匀，也就是说柴油机在完成一个工作循环的曲轴转角内，每个气缸都应着火做功一次，且各缸着火的间隔时间以曲轴转角表示，称为着火间隔角。四行程柴油机完成一个工作循环曲轴转两圈，其转角为 720°，在 720° 曲轴转角内，柴油机的每个气缸应该着火做功一次，着火间隔角是均匀的，因此四行程柴油机的着火间隔角为 $720°/i$（i 为气缸数目），即曲轴每转 $720°/i$，就应有一缸做功，以保证柴油机运转平稳。

1. 四缸四行程直列式柴油机的着火顺序和曲拐的布置

四缸四行程直列式柴油机曲拐的布置如图 2-3-7 所示。

四缸四行程直列式柴油机的着火间隔角为 720°/4 = 180°，曲轴每转半圈（180°）做功一次，四个气缸的做功行程是交替进行的，并在 720° 内完成。因此，可使曲轴获得均匀的转速，工作平稳、柔和。对于每一个气缸来说，其工作过程和单缸柴油机的工作过程完全相同，但要求它按照一定的顺序工作，即柴油机的工作顺序，也称为柴油机的着火顺序。可见，多缸柴油机的工作顺序就是各缸完成同名行程的次序。

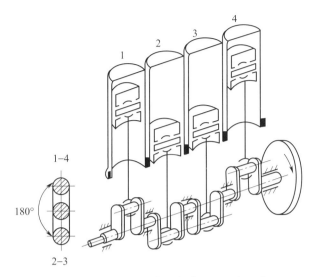

图 2-3-7　四缸四行程直列式柴油机曲拐的布置

四缸柴油机四个曲拐布置在同一平面内，1、4 缸在上，2、3 缸在下，互相错开 180°，其着火顺序的排列只有两种可能，即 1-3-4-2 或 1-2-4-3，两种工作顺序的柴油机工作循环分别见表 2-3-1 和表 2-3-2。

表 2-3-1　　着火顺序为 1-3-4-2 的四缸四行程直列式柴油机工作循环表

曲轴转角	第一缸	第二缸	第三缸	第四缸
0~180°	做功	排气	压缩	进气
180°~360°	排气	进气	做功	压缩
360°~540°	进气	压缩	排气	做功
540°~720°	压缩	做功	进气	排气

表 2-3-2　　着火顺序为 1-2-4-3 的四缸四行程直列式柴油机工作循环表

曲轴转角	第一缸	第二缸	第三缸	第四缸
0~180°	做功	压缩	排气	进气
180°~360°	排气	做功	进气	压缩
360°~540°	进气	排气	压缩	做功
540°~720°	压缩	进气	做功	排气

2. 六缸四行程直列式柴油机的着火顺序和曲拐的布置

六缸四行程直列式柴油机曲拐的布置如图 2-3-8 所示。

六缸四行程直列式柴油机的着火间隔角为 720°/6=120°，六个曲拐互成 120°。工作顺序为 1-5-3-6-2-4 或 1-4-2-6-3-5，前者应用比较普遍，其工作循环见表 2-3-3。

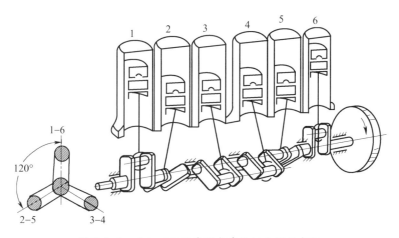

图 2-3-8　六缸四行程直列式柴油机曲拐的布置

表 2-3-3　　　着火顺序为 1-5-3-6-2-4 的六缸四行程直列式柴油机工作循环表

曲轴转角		第一缸	第二缸	第三缸	第四缸	第五缸	第六缸
	60°			进气	做功		
0~180°	120°	做功	排气			压缩	进气
	180°			压缩	排气	做功	
	240°		进气			做功	
180°~360°	300°	排气					压缩
	360°			做功	进气		
	420°		压缩			排气	
360°~540°	480°	进气					做功
	540°			排气	压缩		
	600°		做功			进气	
540°~720°	660°	压缩		进气	做功		排气
	720°		排气			压缩	

3. 八缸四行程 V 形柴油机的着火顺序和曲拐的布置

八缸四行程 V 形柴油机的着火间隔角为 720°/8=90°。V 形柴油机左右两列中对应的一对连杆共用一个曲拐，因此八缸 V 形柴油机只有四个曲拐，如图 2-3-9 所示。曲拐布置可以与四缸柴油机相同，四个曲拐布置在同一平面内，也可以布置在两个互相错开的 90° 的平面内，使柴油机得到更好的平衡。八缸四行程 V 形柴油机的着火顺序为 1-8-4-3-6-5-7-2，其工作循环见表 2-3-4。

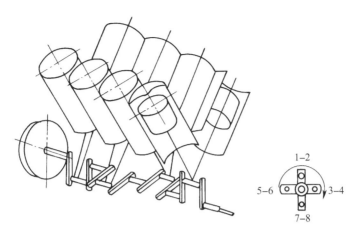

图 2-3-9 八缸四行程 V 形柴油机曲拐的布置

表 2-3-4 **着火顺序为 1-8-4-3-6-5-7-2 的八缸四行程 V 形柴油机工作循环表**

曲轴转角		第一缸	第二缸	第三缸	第四缸	第五缸	第六缸	第七缸	第八缸
0°~180°	90°	做功	做功	进气	压缩	排气	进气	排气	压缩
	180°		排气	压缩		进气			做功
180°~360°	270°	排气			做功		压缩	进气	
	360°		进气	做功		压缩			排气
360°~540°	450°	进气			排气		做功	压缩	
	540°		压缩	排气		做功			进气
540°~720°	630°	压缩			进气		排气	做功	
	720°		做功	进气		排气			压缩

三、飞轮（图 2-3-10）

飞轮用来储存做功行程的能量，以克服进气、压缩和排气行程的阻力和其他阻力，使曲轴能均匀地旋转。飞轮外缘的齿圈与起动机的驱动齿轮啮合，用来启动发动机；飞轮又是汽车离合器的主动部分，离合器利用飞轮后端面作为驱动件的摩擦面，用来对外传递动力。

飞轮是一个转动惯量很大的圆盘，在保证有足够转动惯量的前提下，应尽可能减小飞轮的质量，并使飞轮的大部分质量都集中在轮缘上，因此轮缘通常做得宽而厚。

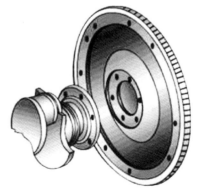

图 2-3-10 飞轮

飞轮多采用灰铸铁制造，当轮缘的圆周速度超过 50 m/s 时，要采用强度较高的球墨铸铁或铸钢制造。

飞轮的轮缘上压有齿圈，其作用是在柴油机启动时与起动机的驱动齿轮啮合，带动曲轴旋转。飞轮上通常刻有"一缸上止点"记号，用于气门间隙调整或零部件装配时确认活塞状态；还有"点火正时"记号，以便校准点火时间。

飞轮与曲轴在制造时一起进行过动平衡实验，在拆装时为了不破坏它们之间的平衡关系，飞轮与曲轴之间应保持原有的相对位置，通常用定位销和不对称布置的螺栓来定位。

四、曲轴扭转减振器

曲轴是一种扭转弹性系统，其本身具有一定的自振频率。在柴油机工作过程中，经连杆传给连杆轴颈的作用力的大小和方向是周期性变化的，因此曲轴各个曲拐的旋转速度也是忽快忽慢呈周期性变化。安装在曲轴后端的飞轮转动惯量最大，可以认为是匀速旋转，由此造成曲轴各曲拐的转动时快时慢，这种现象称为曲轴的扭转振动，当振动强烈时甚至会扭断曲轴。曲轴扭转减振器的作用是吸收曲轴扭转振动的能量，消减扭转振动，避免发生强烈的共振引起严重后果。一般低速柴油机不易达到临界转速，但曲轴刚度小、质量大、缸数多、转速高的柴油机，由于自振频率低，强迫振动频率高，容易达到临界转速而发生强烈的共振，加装曲轴扭转减振器就很有必要。

五、连杆轴承与曲轴主轴承

连杆轴承和曲轴主轴承分为上、下两个半片，称为轴瓦。柴油机多采用薄壁钢背轴瓦，在其内表面浇铸有耐磨合金层。耐磨合金层具有质软、容易保持油膜、磨合性好、摩擦阻力小、不易磨损等特点。常采用的耐磨合金有巴氏合金、铜铝合金、高锡铝合金。半个轴瓦在自由状态时，两个结合面外端的距离比轴承孔的直径大。在装配时，轴瓦的圆周过盈变成径向过盈，对轴承孔产生径向压力，使轴瓦紧密贴合在轴承孔内，以保证有承受载荷和导热的能力，提高工作可靠性，延长自身使用寿命。

轴瓦上制有定位凸缘，以便于装配，在轴承孔中加工有定位槽，以便装配时正确定位。轴瓦和轴承孔之间为过盈配合。

为使连杆轴承在工作中不转动或轴向移动，一般在轴承上冲出高于背面的定位凸缘，如图 2-3-11a 所示。将轴承装入连杆大头孔时，两个定位凸缘应分别嵌入连杆杆身和连杆盖相应的凹槽中。为了防止轴承的接合面由于过盈和受力而向内收缩，导致曲柄销擦伤轴承，轴承一般制成中间厚、两边薄的形式。简单的加工方法是将两边铣出倒角，如图 2-3-11b 所示。这种倒角相当于一条纵向油槽，能使润滑油沿轴承表面分布均匀，以改善润滑条件。

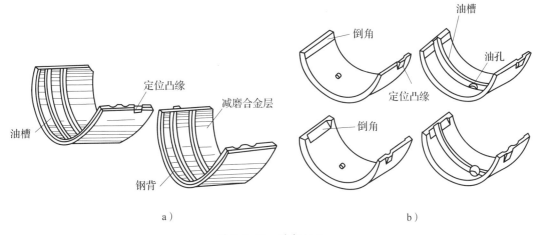

图 2-3-11　连杆轴承

任务实施

曲轴飞轮组的拆卸与装配

一、工具、设备与辅料

1. 工具：汽车维修通用工具、专用工具、零件车、锤子、气枪。
2. 设备：柴油机翻转台架。
3. 辅料：润滑油、润滑脂、密封胶、棉纱等。

二、操作步骤

曲轴飞轮组的拆卸与装配见表 2-3-5。

表 2-3-5　　　　　　　　　　曲轴飞轮组的拆卸与装配

（1）拆卸飞轮	

（2）单方向固定曲轴，防止拆卸飞轮螺栓时曲轴旋转	
（3）按对角顺序分 2~3 次拧下飞轮上的 6 个固定螺栓，取下飞轮	
（4）按对角顺序分 2~3 次拧下曲轴后油封凸缘的 6 个固定螺栓，用锤子轻击并取下曲轴后油封凸缘	
（5）拆曲轴主轴承盖	

（6）按右图所示顺序分 2~3 次均匀拆下主轴承盖的 10 个固定螺栓	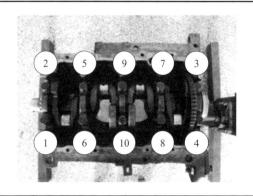
（7）取下主轴承盖	
（8）取下带止推片的第三道主轴承盖	
（9）将下轴承（下轴瓦）和主轴承盖放在一起	

（10）抬出曲轴

（11）取下曲轴上轴承（上轴瓦）并清理曲轴飞轮组各接合面

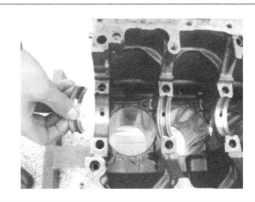

（12）将上轴承（上轴瓦）装入气缸体底孔，装入后应与气缸体上的油孔、油槽对正，相错超过油孔的1/5以上时禁止装配；上轴承（上轴瓦）应与气缸体底孔完全贴合

（13）用压缩空气吹净油道孔并用棉纱擦净主轴颈及连杆轴颈，然后将曲轴轻轻放入气缸体，在此过程中要求曲轴无磕碰伤

续表

（14）擦净止推片并压入气缸体。止推片的油槽应朝向外侧（朝向曲轴）	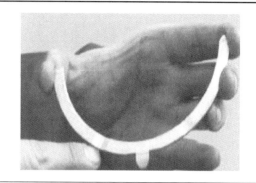
（15）在气缸体下表面涂上密封胶	
（16）安装后油封，涂抹润滑油并安装到曲轴上 　安装曲轴箱，按标准力矩拧紧全部主轴承盖螺栓 　安装飞轮，按标准力矩拧紧飞轮螺栓，对扭转角度后达不到力矩要求的应予以更换，螺栓可重复使用两次 　注意：右图中罗马数字表示主轴承盖序号，阿拉伯数字表示主轴承盖螺栓拧紧顺序	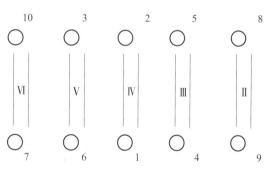

曲轴径向间隙和轴向间隙的检测

一、工具、设备与辅料

1. 工具：汽车维修通用工具、专用工具、零件车、撬棒、塞尺、百分表、间隙尺。
2. 设备：柴油机翻转台架。
3. 辅料：润滑油、润滑脂、棉纱等。

二、操作步骤

曲轴径向间隙和轴向间隙的检测见表 2-3-6。

表 2–3–6   曲轴径向间隙和轴向间隙的检测

（1）用手转动曲轴，若感觉转动困难，说明间隙过小；若感到有径向晃动，说明间隙过大	
（2）拆下主轴承盖紧固螺栓，取下主轴承盖	
（3）用干净的抹布擦净主轴承（轴瓦）、主轴颈表面的油污	
（4）取出一段间隙尺，沿曲轴轴向放置在主轴颈上	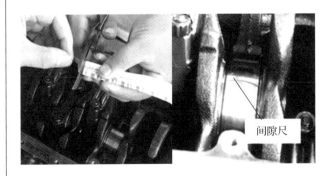 间隙尺

续表

（5）安装主轴承盖，按规定力矩拧紧螺栓	
（6）拆下主轴承盖，测量主轴承（轴瓦）上间隙尺的宽度，并与标准值比较。若不符合要求，应更换主轴承（轴瓦）	
（7）安装时，在主轴承（轴瓦）内表面涂抹润滑油，然后安装好 注意：六缸发动机应拆检两个以上主轴承（轴瓦），拆检、装复一个后再拆检另一个；四缸发动机可拆检两个	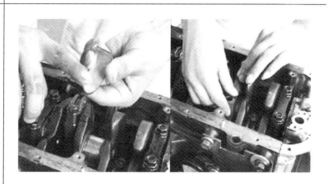
（8）检查曲轴轴向间隙时，可将百分表触头顶在飞轮或曲轴的其他端面上，用撬棒前后撬动曲轴，百分表指针的最大摆差即为曲轴轴向间隙	

续表

（9）也可用塞尺插入止推片与曲轴的承推面之间，测量曲轴的轴向间隙	

项目三

—— 配气机构

任务 1　配气机构概述

学习目标

> 1. 能讲述配气机构的作用。
> 2. 能讲述配气机构的组成。
> 3. 能讲述配气机构的分类。

情境导入

配气机构作为柴油机的重要组成部分之一，起精确控制进、排气门的开启和关闭的作用，确保了柴油机能够在各种工况下吸入足够的新鲜空气，并将燃烧后的废气及时排出，维持发动机的正常运转。配气机构是如何工作的？其有哪些重要的组成部分？

相关知识

一、配气机构的作用

配气机构的作用是按照柴油机每缸所进行的工作循环和各缸工作次序的要求，定时地将各缸的进、排气门开启或关闭，以便在进气行程将空气及时吸入气缸，压缩和做功行程时保证气缸的密封性，排气行程时将废气从气缸内及时排出。

二、配气机构的组成

柴油机的配气机构由气门组和气门传动组两部分组成，如图 3-1-1 所示。

气门组用来封闭进、排气道。气门传动组是从正时齿轮（或正时带轮、正时链轮）开始到推动气门动作的所有零件，其作用是使进、排气门按配气相位规定的时刻定时打开或关闭。气门传动组的组成视配气机构的形式不同而异，主要由凸轮轴及其驱动装置、挺柱、推杆、摇臂总成等组成。

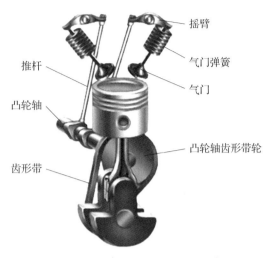

图 3-1-1　柴油机配气机构的组成

三、配气机构的分类

柴油机采用气门顶置式配气机构，即气门布置在气缸盖上，头部向下倒挂于气缸之上，气门开启时向下运动。这种布置方式的优点很多，如进气阻力小、燃烧室结构紧凑等。

气门顶置式配气机构一般可按凸轮轴的布置形式、凸轮轴的传动方式、每缸气门的数量来分类。

1. 按凸轮轴的布置形式分类

（1）凸轮轴下置式配气机构

如图 3-1-2a 所示，凸轮轴下置式配气机构在柴油机上应用最为广泛。凸轮轴多位于曲轴箱的中部，平行布置在曲轴的一侧，由于曲轴和凸轮轴中心线距离近，只用正时齿轮传动，使得传动系较为简单。

（2）凸轮轴中置式配气机构

如图 3-1-2b 所示，当柴油机转速较高时，为减小气门传动组件的质量，可将凸轮轴的位置上移，由凸轮轴经过较短的推杆（甚至省去推杆），驱动摇臂，这种结构称为凸轮轴中置式配气机构，凸轮轴的中心线与曲轴的中心线相距较远，一般要在中间加一个中间齿轮（惰轮）。

（3）凸轮轴上置式配气机构

如图 3-1-2c 所示，凸轮轴直接布置在气缸盖上，省去了推杆，用挺柱直接驱动气门，从而使往复运动件的质量减小，适用于高速柴油机。由于凸轮轴和曲轴中心线较远，大多采用齿形带传动或链传动的方式。

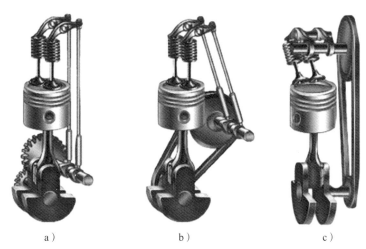

图 3-1-2 按凸轮轴的布置形式分类

a）凸轮轴下置式 b）凸轮轴中置式 c）凸轮轴上置式

凸轮轴上置式配气机构的另一种形式是凸轮轴直接驱动气门。这种配气机构往复运动件的质量最小，对凸轮轴和气门弹簧的设计要求低，因此适用于高速强化柴油机。

2. 按凸轮轴的传动方式分类

（1）齿轮传动配气机构

齿轮传动具有传动平稳、可靠、无须调整等优点，为大多数凸轮轴下、中置式的配气机构所采用，如图 3-1-3 所示。

（2）齿形带传动配气机构

齿形带传动具有工作可靠、噪声小、质量小、调整方便、无须润滑等优点，适用于凸轮轴顶置式、功率小的柴油机，如图 3-1-4 所示。

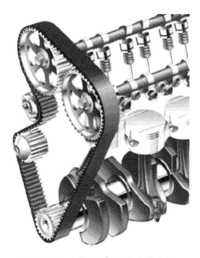

图 3-1-3 齿轮传动配气机构　　　　图 3-1-4 齿形带传动配气机构

（3）链传动配气机构

如图 3-1-5 所示为链传动配气机构，该方式在柴油机上应用较少，其主要由正时链、正时链轮、链张紧装置等组成。凸轮轴正时链轮的齿数为曲轴正时链轮的 2 倍，以实现传动比为 2∶1。为防止链抖动，链传动装置设有导链板和链张紧装置。

齿形带传动与链传动一样，有多种形式的正时标记，装配时必须按维修手册中的规定对准正时标记。多数齿形带安装后，利用弹簧和张紧轮将齿形带压紧，安装后完全放松张紧轮即可。有些正时齿形带是需要调整的，应按原厂规定调整齿形带的松紧度。

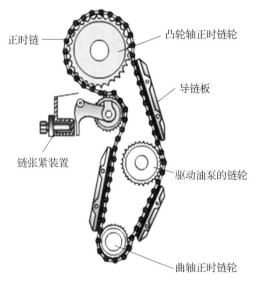

图 3-1-5　链传动配气机构

3. 按每缸气门的数量分类

大多数柴油机都是每缸有一个进气门和一个排气门。

有些柴油机也采用多气门结构。对于每缸 4 个气门的排列方式，如图 3-1-6a 所示，进、排气门可分别置于柴油机两侧，可以通过一根凸轮轴利用 T 形杆驱动所有气门；或异名气门分别由各自的凸轮轴来驱动，如图 3-1-6b 所示。

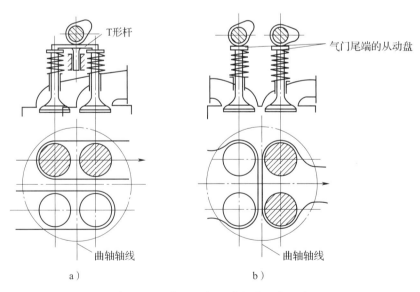

a）　　　　　　　　　　　　　b）

图 3-1-6　每缸四气门的布置及其驱动

a）同名气门排成两列　b）同名气门排成一列

任务2　气　门　组

学习目标

1. 能讲述气门组主要零部件的结构。
2. 依据汽车维修操作要求,熟练、规范地完成气门组的拆装与检查。

情境导入

某重型载货汽车柴油机功率下降,柴油机工作时进气歧管发出"喔喔"声,消声器外也有"突突"声。经检查,初步判定是气门接触面部分积炭,导致散热不良;气门间隙过小或无间隙,导致气门关闭不严,在高温高压作用下被烧蚀。通过本任务的学习,能否了解气门组的拆装与检查呢?

相关知识

气门组包括气门、气门弹簧座、气门油封及气门弹簧等,如图3-2-1所示。

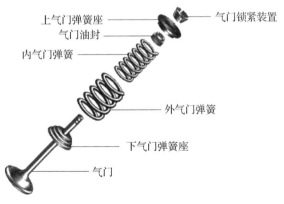

上气门弹簧座　　　　气门锁紧装置
气门油封
内气门弹簧
外气门弹簧
下气门弹簧座
气门

图3-2-1　气门组的组成

一、气门

气门倒挂在气缸盖上,用来封闭进、排气道。气门由头部和杆身两部分组成,如图3-2-2所示。气门头部的作用是与气门座配合,对气缸进行密封;杆身则与气门导管配合，为气门的运动做导向。

气门头部直接与气缸内燃烧的高温气体接触，其承受的工作温度很高，进气门高达 570~670 K（297~397 ℃），排气门高达 1 050~1 200 K（777~927 ℃）。气门散热困难，主要靠头部密封锥面与气门座接触处散热，杆身与气门导管之间也能散失一部分热量。

图 3-2-2　气门的组成

气门关闭时承受很大的冲击力，转速越高，冲击力越大，气门还受到可燃混合气中腐蚀介质的腐蚀，同时还要承受气体压力、气门传动组零件惯性力的作用。由于气门的工作条件恶劣，要求气门材料必须有足够的强度、刚度、耐高温和耐磨损性能。进气门一般采用中碳合金钢（如镍钢、镍铬钢和铬钼钢等）制造，排气门多采用耐热合金钢（如硅铬钢、硅铬铂钢）制造。为降低材料成本，有些柴油机排气门头部采用耐热合金钢，杆身采用中碳合金钢，然后将两者焊接在一起。还有一些排气门，在头部密封锥面上喷涂一层钨钴等特种合金材料，以提高其耐高温、耐腐蚀性。

气门分进气门和排气门两种，两者基本构造相同。为了更好地进气，进气门头部直径一般比排气门头部直径大。气门头部由气门顶部和气门密封锥面组成，气门头部和杆身部分必须是圆弧连接，气门杆身尾部的结构主要取决于气门弹簧座的固定方式。

1. 气门顶部的形状

气门顶部的形状分为平顶、喇叭形顶和球面顶，见表 3-2-1。

表 3-2-1　　　　　　　　　　　气门顶部的形状

气门顶部的形状	特点	应用	示意图
平顶	吸热面积小、结构简单、制造方便、质量小	进、排气门均可采用	
喇叭形顶	与杆身的过渡部分为流线形，气体流动阻力小、质量小、惯性力小，但强度低，顶部受热面积大，易变形	在柴油机上很少采用	

气门顶部的形状	特点	应用	示意图
球面顶	强度高，排气阻力小，废气清除效果好，但球面顶气门受热面积大、质量大、惯性力大、制造复杂	适合用于排气门	

2. 气门密封锥面

气门密封锥面是与杆身同心的圆锥面，用来与气门座接触，起到密封气道的作用。气门密封锥面能提高气门的密封性和导热性，气门落座时，有自定位作用，避免气流转弯过大而降低流速，还能清除接触面的沉淀物，起自洁作用。

气门密封锥面与顶平面之间的夹角 α，称为气门锥角，如图 3-2-3 所示，一般为 45°。有的柴油机进气门的气门锥角为 30°，这是因为在气门升程相同的情况下，气门锥角小，可获得较大的气流通过截面，进气阻力较小，但气门锥角较小的气门头部边缘较薄，刚度较小，气门头部与气门座的密封性和导热性均较差，易在热态时变形，影响贴合。排气门温度较高，导热要求也高，因此它的气门锥角大多为 45°，虽然气流阻力增大，但由于排气压力高，影响不大。气门顶部边缘与气门密封锥面之间应有一定的厚度，一般为 1~3 mm，以防工作中受冲击损坏或被高温气体烧坏。

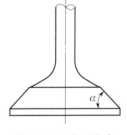

图 3-2-3　气门锥角

3. 气门杆身

气门杆身为圆柱形，与气门导管配合，为气门开启与关闭过程中的上下运动做导向。柴油机工作时，气门杆身在气门导管中上下往复运动，润滑条件差，因此，要求气门杆身与气门导管有一定的配合精度和耐磨性。气门杆身表面都经过热处理和磨光，气门杆身与头部之间的过渡应尽量圆滑，这样不但可以减小应力集中，还可以减小气流阻力。

4. 气门弹簧座的固定

气门杆身的尾部用以固定气门弹簧座，其结构随气门弹簧座的固定方式不同而异。常用的固定方式有以下两种，如图 3-2-4 所示。

（1）锥形锁夹式

锥形锁夹式气门弹簧座在柴油机上应用广泛，锥形锁夹被剖分成两半，合在一起形成一个完整的圆锥结构，内孔有一环形凸起。气门弹簧座的中心孔为圆锥孔，用来与锁

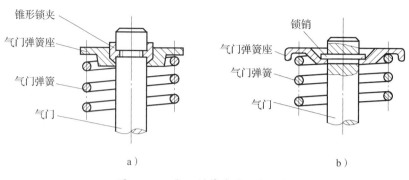

图 3-2-4　气门弹簧座的固定方式

a）锥形锁夹式　b）锁销式

夹的外圆锥面配合。安装时，用力将气门弹簧座连同气门弹簧压下，将两片锁夹套于气门杆尾部，锁夹内孔的环状凸起正好位于气门杆尾部的环形槽内。放松气门弹簧座，在气门弹簧的弹力作用下，气门弹簧座的圆锥孔与锁夹的圆锥面紧紧地贴合在一起，不会脱落。

（2）锁销式

锁销式气门弹簧座的固定方法比较简单，将气门弹簧座连同弹簧一起压下后，把锁销插入气门杆尾部的径向孔内，放松气门弹簧座后，锁销正好位于气门弹簧座外侧面的凹槽内，防止气门弹簧座脱出。

5. 气门油封

适量的润滑油进入气门导管与气门杆之间的间隙可润滑气门杆，但随着使用时间的延长，气门导管与气门杆的间隙会增大，如果气缸吸入的润滑油过多，做功行程时润滑油会燃烧，从而在气缸内形成积炭并在气门上产生沉积物。因此，有的柴油机在气门杆上设有气门油封，用以防止润滑油泄漏。

二、气门座

在气缸盖的进、排气道上，与气门头部密封锥面直接贴合的部位称为气门座。气门座与气门头部一起，对气缸起密封作用；同时接受气门头部传来的热量，起到散热的作用。

1. 气门座的形式

（1）镶嵌式

气门座由耐热合金钢或耐热合金铸铁制成，镶嵌在气缸盖上，如图 3-2-5 所示，这种形式应用广泛，其特点是耐高温、耐磨损和耐冲击，使用寿命长，且易于更换；缺点是导热性差，加工精度高，如果与气缸盖上的座孔公差配合选择不当，还可能发生脱落而造成事故。

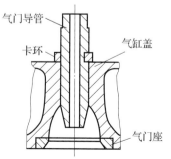

图 3-2-5　气门座与气门导管

（2）与缸盖一体式

在气缸盖上直接镗出气门座，这种形式的气门座散热效果好，但存在不耐高温、不耐磨损、不便于修理和更换等缺点。

2. 气门座锥角

气门座锥角由三部分组成，其中45°（或30°）的锥面与气门密封锥面贴合，如图3-2-6所示。为保证有一定的座合压力，使密封可靠，同时又有一定的散热面积，要求结合面的宽度 b 为 1.2~2.5 mm；15°和75°锥角是用来修正工作锥面的宽度和上、下位置的。在安装气门前，还应将气门座与气门配对研磨，以保证气门贴合得更紧密、可靠。

某些柴油机的气门锥角比气门座锥角小 0.5°~1°，如图 3-2-6 所示，该角称为气门干涉角，气门干涉角有利于走合期的磨合。走合期结束，气门干涉角逐渐消失，恢复全锥面接触。

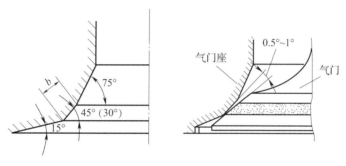

图 3-2-6 气门座锥角与气门干涉角

三、气门导管

气门导管为空心管状体，镶嵌在气缸盖上。气门导管的作用是为气门的运动做导向，保证气门的往复直线运动和气门关闭时能与气门座正确贴合，并为气门杆散热。气门导管通常制成单独零件，再压入气缸盖的轴承孔中。由于润滑较困难，因此气门导管一般用含石墨较多的铸铁或粉末冶金制成，以提高自润滑性能。

气门导管的外表面与气缸盖的配合有一定的过盈量，以保证传热良好并能防止松脱。气门导管的下端外圆做成圆锥状伸入进、排气道内，以减小气流阻力。气门导管与气门杆之间留有 0.05~0.12 mm 的间隙，使气门杆能在气门导管内自由运动。有些柴油机为防止气门导管松脱，采用卡环对气门导管进行固定与定位；还有的气门导管将伸入端内口做成锐边沉割或气门杆制有带锐边的刮口，用以在工作时刮除气门杆与气门导管间可能产生的胶状沉淀物。

四、气门弹簧

气门弹簧是圆柱形的螺旋弹簧，位于气缸盖与气门尾端弹簧座之间。依靠弹簧安装的预紧力，保证气门自动复位关闭以及气门与气门座的贴合压力。气门弹簧还用于吸收气门在关闭过程中各传动零件所产生的惯性力，防止传动零件彼此分离而破坏配气机构的正常工作。

气门弹簧的结构形式如图 3-2-7 所示。

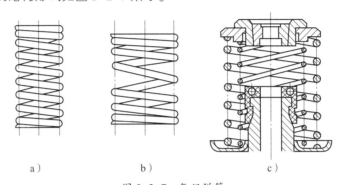

图 3-2-7　气门弹簧

a）等螺距弹簧　b）变螺距弹簧　c）双气门弹簧

1. 等螺距弹簧。它是最简单的一种，但使用中容易因振动而折断，这种形式的弹簧应用较少。

2. 变螺距弹簧。各圈之间的螺距不等，安装时螺距较小（弹簧圈密）的一端应朝向气缸盖，这种形式的弹簧应用也不多。

3. 双气门弹簧。柴油机一般采用每个气门同心安装两根直径不同、旋向相反的内外弹簧。由于两根弹簧的自振频率不同，当某一弹簧发生共振时，另一弹簧起减振作用；当一根弹簧折断时，另一根还能继续维持工作；两根弹簧旋向相反，可以防止一根弹簧折断时卡入另一根弹簧内。

任务实施

气门组的拆装与检查

一、工具、设备与辅料

1. 工具：汽车维修通用工具、专用工具、零件车、气门弹簧拆装钳、气门油封钳、百分表、外径千分尺、游标卡尺、气门与气门座密封性检验器、内径测量仪、直角尺、弹簧检验仪。

2. 设备：柴油机翻转台架。

3. 辅料：铅笔、润滑油、润滑脂、棉纱等。

二、操作步骤

1. 气门组的拆装见表 3-2-2。

表 3-2-2　　　　　　　　　　气门组的拆装

(1) 使用气门弹簧拆装钳拆卸气门	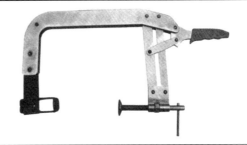
(2) 用气门弹簧拆装钳将气门弹簧座压下，取出气门锁紧装置和气门弹簧	
(3) 取出各缸的进、排气门 注意：拆下的气门必须做好标记并按顺序摆放，以免破坏气门与气门座、气门导管的配合。气门锁紧装置很小，应注意存放，以免丢失	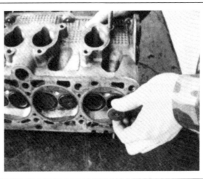
(4) 用气门油封钳取出气门油封，用专用工具取出气门导管	

(5) 装配顺序与拆卸顺序相反

2. 气门组的检查见表 3-2-3。

表 3-2-3　　　　　　　　　　　　　　气门组的检查

（1）气门杆弯曲变形的检测 按右图所示检查气门杆弯曲变形，若弯曲变形超过允许极限，应校正或更换气门。气门杆直线度误差一般应不大于 0.03 mm	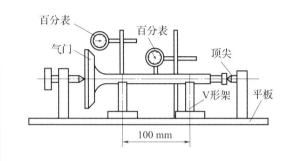
（2）气门杆磨损的检测 用外径千分尺或游标卡尺检测右图所示各位置的尺寸，对气门磨损情况进行测量，若测得尺寸不符合规定，应更换气门	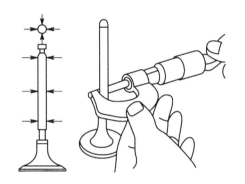
（3）气门密封性的检验 铅笔划线法。检验前，将气门及气门座清洗干净，在气门锥面上每隔约 4 mm 用铅笔均匀地划上若干条线，然后放入与之相应的气门座中，略压紧并转动气门 45°~90°，取出气门，检查铅笔线条，如每条铅笔线均被切断，则表示密封良好，否则，应重新研磨 检验器试验法。气门与气门座密封性检验器由气压表、空气容筒及橡皮球等组成。试验时，先将空气容筒紧贴在气门头部周围，再压缩橡皮球，使空气容筒内具有一定压力（表压 68.6 kPa 左右），如果半分钟内气压表的读数不下降，则表示气门与气门座的密封性良好	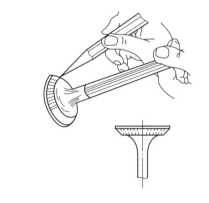 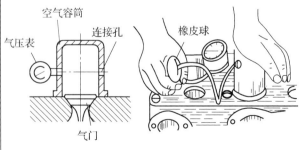

（4）气门导管磨损的检测

气门导管的磨损情况可通过气门导管与气门杆的配合间隙间接检查，检查方法有两种：第一，用伸缩式内径测量仪或带百分表的内径测量仪直接测量气门导管内径，再用千分尺测量气门杆直径，并计算其配合间隙；第二，先把气门安装在气门导管内并将百分表置于距气门导管端 10 mm 处，左右摆动气门杆，测量气门头部的摆动量是否符合要求

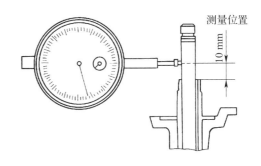

测量位置

10 mm

（5）气门弹簧垂直度误差的检查

在自由状态下，弹簧端面对其中心线的垂直度误差一般应为 1.5~2.0 mm，否则应更换

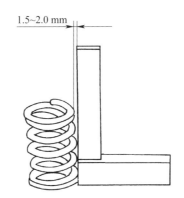

1.5~2.0 mm

（6）气门弹簧弹力的检查

气门弹簧的弹力应在专用的弹簧检验仪上检查，用弹簧检验仪对气门弹簧施加压力，在规定载荷下弹簧高度应符合标准，否则应更换弹簧

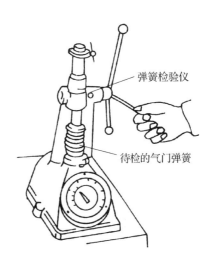

弹簧检验仪

待检的气门弹簧

任务 3　气门传动组

学习目标

1. 能讲述气门传动组主要零部件的结构。
2. 依据汽车维修操作要求，熟练、规范地完成凸轮磨损的检测。
3. 依据汽车维修操作要求，熟练、规范地完成凸轮轴弯曲变形的检测。
4. 依据汽车维修操作要求，熟练、规范地完成凸轮轴轴颈磨损的检测。
5. 依据汽车维修操作要求，熟练、规范地完成凸轮轴轴向间隙的检查与调整。

情境导入

某重型载货汽车加速时动力不足，上坡时明显减速，并伴随发动机噪声变大、发动机抖动等现象。经检查，初步判定是凸轮轴磨损导致燃烧室内混合气不充分燃烧，从而降低了柴油机的动力输出。通过本任务的学习，能否了解气门传动组的构造与维修呢？

相关知识

气门传动组是指从正时齿轮开始至推动气门动作的所有零件，其主要作用是使进、排气门按照配气相位规定的时间开启与关闭。

气门传动组的组成视配气机构的形式不同而异，主要包括凸轮轴及其驱动装置、挺柱、推杆、摇臂总成等，如图 3-3-1 所示。

一、凸轮轴

1. 凸轮轴的作用

利用凸轮来驱动和控制各缸气门的开启和关闭，使其符合柴油机的工作顺序、配气相位及气门开度的变化规律等要求。

2. 凸轮轴的材料

凸轮轴一般采用优质钢模锻制造，也有的用合金铸铁或球墨铸铁铸造而成。凸轮与轴颈表面经过热处理，具有足够的硬度和耐磨性。

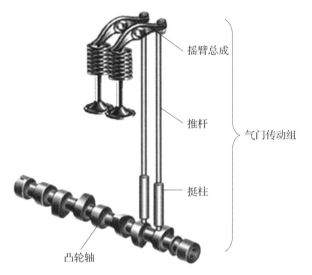

图 3-3-1　气门传动组

标注文字：摇臂总成、推杆、挺柱、凸轮轴、气门传动组

3. 凸轮轴的结构

凸轮轴主要由凸轮、轴颈等组成，如图 3-3-2 所示。凸轮分为进气凸轮和排气凸轮两种，用来驱动和控制气门的开启与关闭。轴颈对凸轮轴起支承作用。凸轮轴的前端通过键装有凸轮轴正时齿轮或同步齿形带轮及链轮。

图 3-3-2　凸轮轴的结构

标注文字：凸轮、轴颈

4. 正时齿轮与凸轮轴的轴向定位

为减小传动噪声，正时齿轮多采用斜齿轮，通过键安装在曲轴和凸轮轴上并用螺母固定。由于柴油机曲轴与凸轮轴的中心距较大，靠一对正时齿轮是不够的，需在中间加入一个或两个惰轮。这些齿轮与其他相应的齿轮一起构成柴油机的齿轮传动系，其位置一般在曲轴的前端，也有的在曲轴的后端，即飞轮端。为保证配气正时，在装配曲轴与凸轮轴时，必须将齿轮的啮合标记对齐。不管是齿轮传动，还是齿形带传动，曲轴齿轮与凸轮轴驱动齿轮和喷油泵驱动齿轮的传动比均为 2 : 1。

为防止凸轮轴在转动过程中产生轴向蹿动，影响配气机构的正常工作和使配气相位改变，凸轮轴都设有轴向定位装置，如图 3-3-3 所示。在凸轮轴正时齿轮和第一道轴颈之间装有隔圈，它和螺母一起将正时齿轮的轴向位置固定。止推凸缘松套于隔圈上，并用两个螺栓固定于气缸体前端面。当凸轮轴产生轴向蹿动时，止推凸缘与正时齿轮轮毂端面或者第一道轴颈前端面接触，可防止凸轮轴轴向蹿动。改变隔圈的厚度，可以调整止推凸缘与凸轮轴正时齿轮之间的间隙。

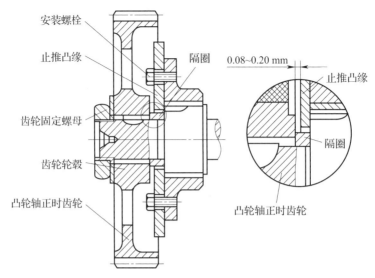

图 3-3-3　凸轮轴的轴向定位

二、挺柱

挺柱（也称挺杆）的端面与凸轮轴的凸轮接触，其作用是将凸轮的旋转运动变为自身的上下运动，用来驱动推杆或者气门。挺柱一般用碳钢、合金钢、合金铸铁等制造。挺柱常见的结构形式有菌形、筒形和滚轮形三种，如图 3-3-4 所示。大多数柴油机采用菌形或筒形挺柱；某些大型柴油机采用滚轮形挺柱，可以显著减小摩擦力和侧向力，但结构复杂，质量较大。为提高菌形和筒形挺柱的使用寿命，要求挺柱在上下运动的同时，还应产生一定的转动。

挺柱的下端设有油孔，以便将漏入挺柱内的润滑油引到凸轮处进行润滑。挺柱位于导向孔内，有些柴油机的导向孔直接在气缸体或者气缸盖上镗出，也有些柴油机采用可拆式挺柱导向体，将挺柱装于导向体的导向孔内，导向体固定在气缸体上。

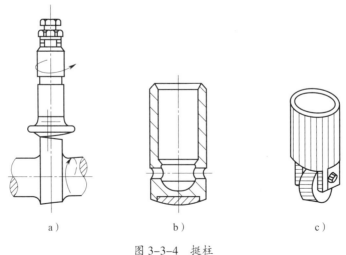

a）　　　　　　　　b）　　　　　　　　c）

图 3-3-4　挺柱

a）菌形　b）筒形　c）滚轮形

三、推杆

在凸轮轴下置和中置式配气机构中一般都设有推杆，推杆为细长的杆件，位于挺柱与摇臂之间。推杆的作用是将挺柱的推力传给摇臂，由型钢或冷拔无缝钢管制成。

结构上，推杆可分为实心和空心两种，如图 3-3-5 所示。钢制实心推杆同两端的球形或凹球形支座锻成一个整体。空心推杆大都采用冷拔无缝钢管，两端配以钢制的支座。无论是实心结构还是空心结构，推杆两端的支座必须经淬火和磨光处理，保证其耐磨性。

四、摇臂总成

摇臂总成是将气门传动组的推力改变方向后驱动气门开启。摇臂是一截面为 "T" 形结构的不等臂杠杆，由于靠气门的一端臂长，所以在一定的气门升程下，可以减少挺柱、推杆的运动距离，从而减小工作惯性力。

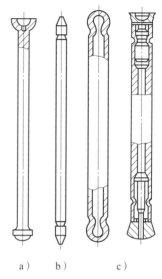

图 3-3-5　推杆

a）钢制实心推杆　b）硬铝棒推杆

c）钢管制成的推杆

常见的摇臂总成如图 3-3-6 所示，主要由摇臂轴、摇臂轴支座、摇臂及定位弹簧等组成。摇臂总成所有零件均安装在摇臂轴上，并通过摇臂轴支座用螺栓安装在气缸盖上。摇臂通过镶在其中间轴孔内的衬套套装在摇臂轴上，为保证各摇臂的轴向位置，用装在摇臂侧面的定位弹簧使其定位。摇臂轴为空心结构，两端用封堵封闭，润滑油经气缸盖上的油道、摇臂轴支座油道后，进入摇臂轴内。摇臂轴和摇臂上都加工有相应的油孔，使摇臂轴与摇臂之间及摇臂两端都能得到可靠的润滑。在凸轮轴下置或中置式配气机构中，摇臂的长臂一端加工成与气门杆尾部接触的圆弧工作面，短臂一端则加工有螺纹孔，用以安装气门间隙调整螺钉，调整螺钉的下端加工成与推杆端部相匹配的球面。在一些凸轮轴上置式配气机构中，凸轮可以直接驱动摇臂。

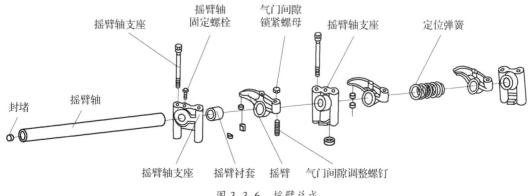

图 3-3-6　摇臂总成

任务实施

凸轮轴的检测

一、工具、设备与辅料

1. 工具：汽车维修通用工具、专用工具、零件车、外径千分尺、百分表。
2. 设备：柴油机翻转架。
3. 辅料：润滑油、润滑脂、棉纱等。

二、操作步骤

凸轮轴的磨损主要表现为凸轮、支承轴颈表面和正时齿轮轴颈键槽的磨损，以及凸轮轴的弯曲变形等。凸轮轴的磨损和变形将使气门的最大开度和充气效率降低，配气相位失准，改变气门上下运动的速度特性，从而影响柴油机的动力性、经济性，增大运转的噪声。

凸轮轴的检测见表3-3-1。

表3-3-1　　　　　　　　　　　凸轮轴的检测

（1）凸轮磨损的检测 　用外径千分尺测量凸轮的全高与凸轮基圆直径的差值来确定凸轮的磨损程度。凸轮磨损超过规定值应换用新件	
（2）凸轮轴弯曲变形的检测 　将凸轮轴放在平台的V形架上，以两端轴颈为支点，将百分表触头抵在中间的轴颈上，缓慢转动凸轮轴一周，若百分表摆差超过0.10 mm，应采用冷压法校正，校正后的弯曲度应不大于0.03 mm	

（3）凸轮轴轴颈磨损的检测 　　用外径千分尺测量轴颈的圆度及圆柱度误差，如超过规定值，应按修理尺寸磨削轴颈，即缩小轴颈尺寸，配用相应修理尺寸的凸轮轴轴承	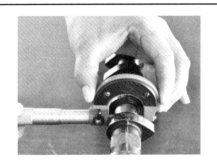
（4）凸轮轴轴向间隙的检查与调整 　　采用止推凸缘进行轴向定位的柴油机，检查轴向间隙时，用塞尺插入凸轮轴第一道轴颈前端面与止推凸缘之间或正时齿轮轮毂端面与止推凸缘之间，塞尺的厚度值即为凸轮轴轴向间隙，一般为 0.10 mm，使用极限为 0.25 mm，如间隙不符合要求，可通过增减止推凸缘的厚度来调整 　　采用轴承边进行轴向定位的柴油机，检查轴向间隙时，要在不装挺柱的情况下进行（可只装第1、5道轴承盖）。用百分表触头抵在凸轮轴前端，轴向推拉凸轮轴，百分表的摆动量即为凸轮轴的轴向间隙	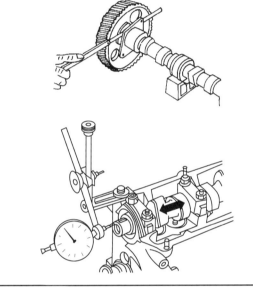

任务 4　配气机构的检查与调整

学习目标

　　1. 能讲述配气机构的工作原理。

　　2. 能讲述换气过程的三个阶段。

　　3. 能讲述气门间隙的检查与调整方法。

　　4. 依据汽车维修操作要求，熟练、规范地完成配气机构的装配与调整。

情境导入

　　某重型载货汽车动力下降，油耗增加，组合仪表平均油耗显示为 35 L/100 km，较同车型其他车辆高出许多。用专用听诊器在气缸盖处可以清晰地听到各缸气门摇臂的敲击声，打开摇臂罩，用塞尺测量进气门间隙高达 0.7 mm 以上，排气门间隙不足 0.4 mm。初步诊断是气门间隙调整反了，已严重影响柴油机的正常配气相位，导致柴油机高速时气缸充气效率严重下降，需要进行气门间隙及 WEVB（辅助制动装置）间隙调整。通过本任务的学习，能否了解配气机构的检查与调整呢？

相关知识

一、配气机构的工作原理

　　柴油机工作时曲轴通过正时齿轮驱动凸轮轴旋转，当凸轮的凸起部分顶起挺柱时，挺柱推动推杆一起上行，作用于摇臂上的推力驱使摇臂绕轴转动，摇臂的另一端压缩气门弹簧使气门下行，气门开启，如图 3-4-1a 所示。随着凸轮轴的继续转动，当凸轮的凸起部分离开挺柱时，气门便在气门弹簧的弹力作用下上行，气门关闭，如图 3-4-1b 所示。

　　四行程柴油机每完成一个工作循环，曲轴旋转两周，各缸进、排气门开启一次，凸轮轴旋转一周。

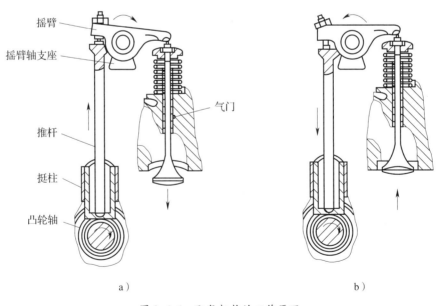

图 3-4-1　配气机构的工作原理
a）气门开启　b）气门关闭

二、配气相位

柴油机转速高，完成一个行程的时间极短，如四行程转速为 3 000 r/min 的柴油机，一个行程完成的时间只有 0.01 s，再除去凸轮驱动气门开、闭需要的时间，柴油机实际的进、排气时间比一个行程时间更短，这就很难做到进气充分和排气彻底。为了改善换气过程，提高柴油机的输出功率，实际柴油机的气门开启和关闭应适当的提前和滞后。

配气相位是用相对于上、下止点曲拐位置的曲轴转角表示的进、排气门开闭时刻和开启持续时间。

1. 进气门的配气相位

进气门是在排气行程还未结束、活塞未到达上止点时提前打开的。从进气门开始开启到活塞到达上止点对应的曲轴转角称为进气提前角，用 α 表示，α 一般为 $10^\circ \sim 40^\circ$。进气门提前打开主要是为了当活塞到达上止点时，进气门已有一定的开度，活塞下行开始进气时，可以显著减小进气阻力。

进气行程结束活塞到达下止点时，进气门并未关闭，而是在活塞又上行了一段距离后才关闭。从活塞位于下止点起到进气门关闭所对应的曲轴转角，称为进气滞后角，用 β 表示，β 一般为 $40^\circ \sim 80^\circ$。进气门晚关是因为活塞在进气行程到达下止点时，气缸内的压力仍然低于大气压力（非增压柴油机），且气流还有相当大的惯性，适当晚关进气门还可继续进气。

由于存在进气提前角 α 和进气滞后角 β，进气门实际开启时间对应的曲轴转角为 $\alpha + 180^\circ + \beta$，一般为 $230^\circ \sim 290^\circ$。

2. 排气门的配气相位

在做功行程接近终了、活塞还未到达下止点前，排气门提前开启。从排气门开始开启到活塞到达做功行程下止点所对应的曲轴转角，称为排气提前角，用 γ 表示，γ 一般为 $40^\circ \sim 80^\circ$。柴油机在做功行程接近终了时，气缸内的压力为 200~400 kPa，提前打开排气门，大部分废气可在此压力下迅速排出，减小活塞上行时的阻力，将高温废气尽快排出，还可防止柴油机过热。

排气门是在排气行程中活塞到达上止点后，又开始下行一段距离时才关闭的。从活塞位于排气终了上止点起到排气门完全关闭所对应的曲轴转角，称为排气滞后角，用 δ 表示，δ 一般为 $10^\circ \sim 40^\circ$。排气门晚关有利于充分利用废气的惯性和气缸内的废气压力高于大气压的特点，将废气排得更彻底。

由于存在排气提前角 γ 和排气滞后角 δ，排气门实际开启时间对应的曲轴转角为 $\gamma + 180^\circ + \delta$，一般为 $230^\circ \sim 290^\circ$。

3. 气门重叠与气门叠开角

由于进气门早开和排气门晚关，在排气终了和进气刚开始、活塞处于上止点附近时，出现进、排气门同时开启的现象，称为气门重叠。进、排气门同时开启时所对应的曲轴转角，称为气门叠开角，其大小为 $\alpha + \delta$。

进、排气门必须早开晚关，气门重叠现象不可避免。进、排气门同时打开，由于空气流和废气流都有流动惯性，它们在短时间内不会改变各自的流向。相反，提前进入气缸内部的空气流还可增加气缸内的气体压力，有利于废气的排出。

4. 配气相位图

柴油机在工作时，活塞上下运动，通过连杆使相应的曲拐绕曲轴轴线转动，用曲轴转角可以表示曲拐相对于上、下止点的角位置。图 3-4-2a 表示进、排气时气门开启过程曲拐转过的角度，分别为 $\alpha + 180° + \beta$ 和 $\gamma + 180° + \delta$。将进、排气门的实际开闭时刻和开启延续时间用相对于上、下止点曲拐位置曲轴转角的环形图来表示，称为配气相位图，如图 3-4-2b 所示。

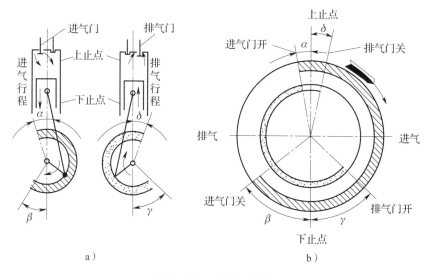

图 3-4-2 配气相位图
a）曲拐转过的角度示意图 b）配气相位图

5. 配气相位对柴油机工作性能的影响

配气相位中四个角度的大小，对柴油机性能有很大影响。进气提前角增大或者排气滞后角增大使气门重叠角增大时，会出现废气倒流、新鲜气体随废气排出的现象。相反，若气门重叠角过小，又会造成排气不彻底和进气量减小。

对柴油机性能影响最大的是进气滞后角，该角过小，导致进气门关闭过早而影响进气量；该角过大，又会将空气压回进气道内，同样影响柴油机的进气量。

排气提前角过大，会将仍有做功能力的高温高压气体排出气缸，造成柴油机功率下降，油耗增大；排气提前角过小，会因排气阻力增大而增加柴油机的功率消耗，还可能造成柴油机过热。

合理的配气相位是根据柴油机的结构形式、转速等因素，通过反复试验而确定的。如增压柴油机由于其进气压力很高，加之进入气缸的是新鲜空气，不存在燃料损失问题，所以气门重叠角很大，以便利用新鲜空气将气缸中的废气排除干净。柴油机转速不同，配气相位也不同，转速越高，每一次的进、排气时间越短，要求提前角和滞后角越大。当柴油机小负荷运转时，由于进气压力较低，要求气门重叠角减小，否则会出现废气倒流、气量减少现象。

大多数柴油机的配气相位是不能改变的，它是按照柴油机的性能要求，通过试验来确定的。

三、换气过程

柴油机的排气和进气过程统称为换气过程，其目的是尽可能将气缸内的废气排除干净，并吸入更多的新鲜空气。换气过程的质量对柴油机的动力性、经济性和排放性能有着重要的影响。

1. 换气过程的三个阶段

四行程柴油机的换气过程是指上一循环排气门开启直到下一循环进气门关闭的整个时期，曲轴转角为 410°~480°。根据气体流动的特点，换气过程可分为自由排气、强制排气和进气三个阶段。

（1）自由排气阶段

自由排气阶段主要是利用废气自身的压力进行排气的过程。在做功行程接近终了、活塞到达下止点前某一时刻，排气门提前打开。这是因为如果排气门在活塞到达下止点时再打开，由于气缸内气体膨胀终了时压力还很高，以及气门开启初期流通截面很小，废气不能顺利排出，增加了排气过程中所消耗的功。

（2）强制排气阶段

强制排气阶段主要是利用活塞上行的推力进行的排气过程。随着活塞由下止点向上止点移动，将缸内废气强制排出。当活塞到达上止点时，排气门仍开启，利用废气流动的惯性，继续排出废气，直到活塞越过了上止点后某一曲轴转角，排气门才关闭。如果排气门在上止点时关闭，在此之前就要开始关小，由于气缸内的废气压力仍高于大气压力，而活塞在上行时，必将增加排气所消耗的功，气缸内的残余废气也会增加。

（3）进气阶段

在强制排气的后期，活塞处于上止点前某一曲轴转角时，进气门就开始打开。当活塞到达上止点、进气行程开始时，进气门已经有较大的开启面积，可使新鲜气体顺利进入气缸。当进气行程结束，活塞到下止点后某一曲轴转角，进气门才关闭，其目的是利用气流的惯性和压力差继续向气缸内充气，以增加气缸充气量。

2. 提高柴油机充气效率的措施

每个循环进入气缸的空气量越多，可燃混合气燃烧时可能产生的热量越大，则柴油机发出的功率就越大，动力性就越好。提高柴油机充气效率的措施有：减少进、排气系统的气流阻力，将进、排气管布置在气缸盖的两侧，合理选择配气正时，适当增大进气滞后角和气门叠开角。

四、气门间隙

进、排气门头部直接位于燃烧室内，排气门的整个头部位于排气通道内，因此，进、排气门的工作温度高。在此高温下，气门会因受热膨胀而伸长。由于气门传动组零件都是刚体，假如在冷态时各零件间无间隙，受热膨胀的气门就会使气门关闭不严而漏气，导致柴油机功率下降，燃油消耗增加，机体过热，甚至不能启动。

为了防止上述情况发生，补偿气门受热后的膨胀量，在柴油机冷态装配时，常在气门组与气门传动组之间留有一定的间隙，这一间隙称为气门间隙。

不同型号的柴油机，气门间隙是不同的，进、排气门的气门间隙也有不同，并且有"冷车"和"热车"气门间隙之分。"冷车"气门间隙是柴油机停车时间长，其零件温度与环境温度相同时的气门间隙值；"热车"气门间隙是柴油机达到正常温度停机后的气门间隙值。一般来说"冷车"气门间隙比"热车"气门间隙要大。

柴油机在使用过程中，因零件的磨损、调整螺钉的松动、拆装气缸盖等原因，气门间隙会发生变化，因此在配气机构的气门传动组中设有气门间隙调节装置，以便对气门间隙进行检查和调整。有些柴油机采用了长度能自动变化的液力挺杆，可随时补偿气门的膨胀量，不需要预留气门间隙，也就没有气门间隙调整装置。

五、气门间隙的检查与调整

气门间隙的调整方法有逐缸调整法和双排不进法。气门间隙的调整原则是要调整的气门必须完全处于关闭状态，打开或将要打开的气门是不可以调整的。

1. 双排不进法

双排不进法中的"双"指该缸的两个气门间隙均可调，"排"指该缸仅排气门间隙可调，"不"指该缸两个气门间隙均不可调，"进"指该缸的进气门间隙可调。

（1）操作步骤

1）使飞轮处在1缸或末缸压缩上止点位置，从飞轮壳上的检视孔中顺时针拨动飞轮齿圈，至飞轮上的"1、6"（或"1、4"）缸标记与固定在飞轮壳内的指针对准，说明

1、6（或1、4）缸均处在上止点位置。

2）使飞轮处在1缸压缩上止点位置，检查1缸两气门摇臂能否绕轴颈微摆，若1缸进、排气门摇臂均能摆动，则1缸处于压缩行程上止点。反之，则末缸处于压缩行程上止点。

3）调整气缸盖上的一半气门，将柴油机的气缸按工作顺序等分为"双排"和"不进"两组，按"双、排、不、进"原则检查、调整气门。

4）再调整气缸盖上剩下的另一半气门，用同样方法将曲轴再转一圈，确认6缸处于压缩行程上止点后，以"不、进、双、排"原则检查、调整剩余的气门。

（2）几种工作顺序不同的柴油机可调气门的排列（表3-4-1、表3-4-2）

表3-4-1　　　　　　　　　　　四缸柴油机的可调气门

| 条件 | 工作顺序 | 1 | 3 | 4 | 2 |
		1	2	4	3
1缸压缩行程上止点	第一遍	双	排	不	进
4缸压缩行程上止点	第二遍	不	进	双	排

表3-4-2　　　　　　　　　　　六缸柴油机的可调气门

| 条件 | 工作顺序 | 1 | 5 | 3 | 6 | 2 | 4 |
		1	4	2	6	3	5
1缸压缩行程上止点	第一遍	双	排		不	进	
6缸压缩行程上止点	第二遍	不	进		双	排	

（3）气门间隙的检查

当气门处于可调位置时，将与气门间隙值厚度一致的塞尺插入气门杆与摇臂之间进行检查。要求拉动塞尺时有轻微阻力，否则间隙不合适。

（4）进、排气门的确定方法

1）根据进、排气门所对应的气道确定。

2）转动曲轴并观察气门。转动曲轴观察1缸两个气门中先动的为排气门，后动的为进气门，并在同名气门上做记号，然后依次逐缸检查，做好记号。

（5）1缸压缩上止点的确定方法

1）在曲轴前端的带轮上或在飞轮上找1缸上止点记号。

2）油泵供油判定法。将高压油泵上1缸出油阀紧座上的高压油管拧开后，转动曲轴，观察1缸出油阀紧座中油面波动的瞬间，此时继续旋转曲轴至上止点记号对正时，是1缸压缩行程上止点。

3）逆推法。转动曲轴，观察与1缸曲轴连杆轴颈在同一方位的末缸的排气门打开又渐关，到进气门动作的瞬间，此时末缸活塞在排气行程上止点，而1缸活塞正好处于压缩行程上止点。

2. 逐缸调整法

（1）打开气门室盖，检查任一缸的进、排气门是否处于关闭状态（如果是凸轮轴上置式，则看该缸进、排气门凸轮的基圆是否对准气门杆）。

（2）检查与调整该缸进、排气门的间隙。

（3）转动曲轴，以同样方法检查与调整其余各缸的气门间隙。

（4）拆下摇臂室罩盖，使用专用扳手和旋具，松开气门调整螺钉的锁紧螺母，将塞尺插入气门杆与摇臂之间，拧动调整螺钉，使塞尺被轻轻压住，抽出时稍有压力即可。

（5）调好后拧紧锁紧螺母，然后用塞尺复查一次。

六、配气相位的检查

1. 配气相位的变化

柴油机在使用过程中，会因配气相位失准而影响动力性和经济性，其原因如下：

（1）维修质量的影响

由于制造和装配产生的累计误差，在极限状态下可能使配气相位偏差达到 ±3°，各缸的配气相位偏差达到 ±2°，若加上凸轮轴轮廓误差、配气机构传动间隙等影响，配气相位将会偏离标准值更大。

（2）使用中配气相位的变化

柴油机经长时间使用，机件磨损、配合间隙增大（如正时齿轮、曲轴和凸轮轴轴向间隙等）、凸轮表面的不规则磨损等，都是引起配气相位偏移的原因。

（3）动态变形引起配气相位偏移

气门顶置式柴油机的配气机构的刚度较差，在工作过程中产生弹性变形，其初始静态变形约为 0.05 mm，相当于配气相位角偏移 5°。柴油机转速越高或配气机构刚度越差，其动态配气相位与静态配气相位的偏差越大。

2. 配气相位的检查

各种车型的维修手册中都提供了柴油机的配气相位角度，通常可通过安装在气门弹簧座上的千分表来测量进、排气门的开启和关闭角度。具体步骤如下：

（1）分度盘及指针的固定

在曲轴前端装上分度盘，在柴油机前盖板上固定一根可调节的指针。

（2）找任一缸压缩上止点

用撬棒转动曲轴，使飞轮壳检视孔上的指针对准飞轮上的零刻度线，调节分度盘的指针，使其对准"0"并固定。

（3）安装千分表

如图 3-4-3 所示，在气缸盖上安装千分表，使其触头与进气门或排气门弹簧座接触。

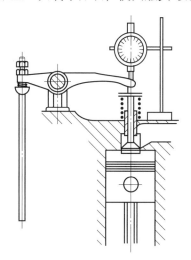

图 3-4-3　配气相位的检查

（4）检查配气相位

按柴油机运转方向缓慢转动曲轴，当千分表指针开始摆动的瞬间，即表示气门开始打开，此时分度盘上指针指示刻度为气门提前角，然后继续转动曲轴，千分表指针从"0"摆至某一最大值后开始返回；当千分表指针回到"0"的瞬间，分度盘指针所指刻度即为气门滞后角。从气门开始开启到气门关闭，曲轴转过的角度即为气门开启持续角。

根据柴油机的工作顺序，用上述方法，可依次检查各缸进、排气门的配气相位。

（5）检查中的注意事项

配气相位的检查必须在气门间隙调整好后进行，安装分度盘时，分度盘的中心要尽量与曲轴中心重合。

任务实施

配气机构的装配与调整

一、工具、设备与辅料

1. 工具：汽车维修通用工具、专用工具、零件车、气枪。
2. 设备：柴油机翻转台架。
3. 辅料：润滑油、润滑脂、棉纱等。

二、操作步骤

配气机构的装配与调整见表 3-4-3。

表 3-4-3 配气机构的装配与调整

（1）清理配气机构各零部件接合面	
（2）安装凸轮轴，在凸轮轴衬套处涂抹润滑油，将水平端凸轮轴轻轻转动着装入凸轮轴孔内	
（3）凸轮轴推力片紧固螺栓的拧紧力矩为 29~35 N·m。将凸轮轴推力片装入凸轮轴后检查其转动是否阻滞，用手感觉其轴向间隙，一般为 0.1~0.4 mm	

（4）安装齿轮室部件，擦净机体与齿轮室接触面后，在机体平面上涂上密封胶	
（5）转动曲轴至一、六缸上止点，安装齿轮室 注意：安装时要缓慢放下齿轮室，勿磕碰曲轴	
（6）安装中间齿轮轴	

（7）安装机油泵惰轮轴、中间齿轮、中间齿轮螺栓，按顺序对称拧紧中间齿轮螺栓到60 N·m，然后转90°，最后达到100~125 N·m	
（8）安装正时齿轮，正时齿轮上的刻线应与正时齿轮室上的"OT"刻线对正。旋入已涂抹密封胶的六角螺栓并对称拧紧，拧紧力矩为32~36 N·m	柴油机后端齿轮系装配要点 1 安装曲轴； 2 安装空压机惰齿轮； 3 安装凸轮轴第二惰齿轮； 4 安装双级齿轮； 5 安装飞轮壳和飞轮； 6 安装机油泵； 7 安装机油泵进出油管； 8 安装油底壳； 9 安装燃油泵正时齿轮； 10 安装空气压缩机； 11 安装起动机； 12 安装凸轮轴第一惰轮； 13 安装凸轮轴正时齿轮 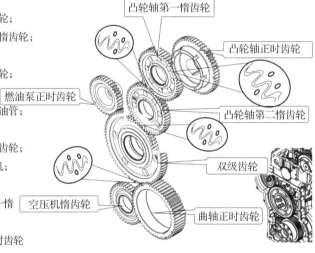
（9）安装气门组件。将润滑剂均匀涂抹在进、排气门杆部上，然后将进、排气门装入气缸盖，保证进、排气门在气门导管内滑动无阻滞，再依次装入气门油封、气门弹簧座、气门弹簧，用专用工具安装气门锁紧装置	

（10）依次安装气门挺柱	
（11）依次安装推杆，安装前须用压缩空气吹净并检查油孔是否通畅 注意：安装推杆前，应在推杆头部涂抹润滑油	

（12）将活塞调整到一缸上止点，即飞轮刻线和飞轮壳刻线对齐，判断出一缸压缩行程上止点。调节一、二、四缸进气门间隙，一、三、五缸排气门间隙，进气门间隙为（0.3±0.03）mm，排气门间隙为（0.4±0.03）mm。进、排气门间隙调整螺钉拧紧力矩为 30~40 N·m

（13）通过调整推杆端气门间隙调整螺钉，将总气门间隙调整为 0.40 mm，并拧紧防松螺母

（14）在气门摇臂活塞与排气门之间放入 0.25 mm 的塞尺，通过调整调节螺栓总成，将气门端间隙调整为 0.25 mm，并拧紧防松螺母

注意：调整过程中应转动调节螺栓总成直到将塞尺夹住，从而保证使气门摇臂活塞压到底，与排气门摇臂中的活塞孔底平面之间无间隙

（15）曲轴旋转 360°，使六缸处于压缩上止点，调节六、五、三缸进气门间隙，六、四、二缸排气门间隙和 EVB 气门间隙。冷态时检查一缸配气相位，进气门开在上止点前 34°~39°，排气门关在上止点后 26°~31°

项目四

—— 润滑系和冷却系

任务 1　润滑系概述

学习目标

1. 能讲述润滑系的作用和组成。
2. 能讲述机油泵的分类、结构及工作原理。
3. 能讲述机油滤清器的分类、结构及工作原理。
4. 依据汽车维修操作要求，熟练、规范地完成机油散热器芯的更换。
5. 依据汽车维修操作要求，熟练、规范地完成主油道限压阀的更换。
6. 依据汽车维修操作要求，熟练、规范地完成机油泵的更换。
7. 依据汽车维修操作要求，熟练、规范地完成机油泵泄漏的检测。

情境导入

　　某重型载货汽车日常维护时发现润滑油消耗过快，并且打开膨胀水箱发现有大量润滑油漂浮。经检查发现机油散热器有裂纹，导致油水混合，需要进行机油散热器的更换。通过本任务的学习，能否了解润滑系的构造与维修呢？

相关知识

一、润滑系的作用

1. 润滑

机油泵将清洁的润滑油经油道送到柴油机运动件的工作表面，形成润滑油膜，降低摩擦系数，从而减少零件磨损和功率消耗。

2. 清洗

柴油机工作时，产生的磨料微粒、吸入空气所带入的尘土微粒以及因燃烧产生的固体炭质等沉积在运动件的工作表面，会加剧零件的磨损。润滑油在零件间循环流动，会将这些颗粒从零件表面上冲洗下来，从而减轻零件的磨损。

3. 冷却

柴油机工作中由于零件的摩擦以及燃料燃烧，将使某些零件产生较高的温度，循环的润滑油经过零件表面时会带走一定的热量。

4. 密封

柴油机的气缸壁与活塞和活塞环间、活塞环与环槽间存在一定的间隙，对燃烧室的密封是不利的，柴油机工作时，润滑油会附着在这些间隙处形成一层油膜，从而减少气体的泄漏。

5. 防腐

润滑油黏附在零件表面，避免了零件与水、空气、燃气等的直接接触，可降低零件的化学腐蚀程度。

二、润滑系的组成

不同柴油机润滑系的组成基本相同，如图 4-1-1 所示。

1. 油底壳

油底壳用来储存润滑油，位于柴油机下部，同时起散热的作用。

2. 机油泵

机油泵将一定量的润滑油从油底壳中抽出加压后，不断地送至各零件表面进行润滑，维持润滑油在系统中的循环。机油泵大多装在曲轴箱内，通过齿轮驱动。机油泵有齿轮式和转子式两种形式。

3. 油道

油道完成润滑油的引导、输送及分配任务，其包括气缸体上的主油道和气缸盖上的油道及部分外设润滑油管。

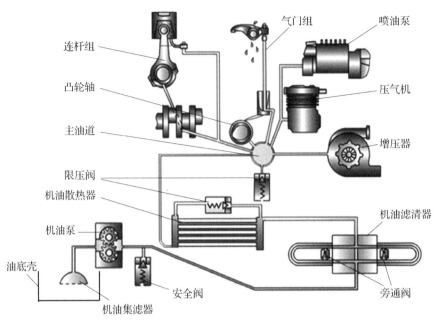

图 4-1-1　柴油机润滑系的组成

4. 机油滤清器

机油滤清器用以滤去润滑油中的金属颗粒和胶质，保证送入润滑系各部位的润滑油清洁、干净。润滑系的机油滤清器根据需要设置在柴油机的不同部位，有集滤器、机油粗滤器和机油细滤器三种形式。

5. 阀类

阀类用以限制油压和避免因机油粗滤器堵塞而造成主油道润滑油压力过低，由装在主油道或机油泵的限压阀和旁通阀组成。

6. 仪表、指示灯和传感器

机油压力表或指示灯、机油温度表、油尺、机油压力传感器用来观测润滑系工作是否正常。

7. 机油散热器

某些热负荷较高的柴油机，需要机油散热器来对润滑油加强冷却。

三、柴油机的润滑方式

柴油机的润滑方式有压力循环润滑、飞溅润滑和定期润滑三种。

一般来说，润滑强度高且容易布置油道的零件，如曲轴主轴承、连杆轴承、连杆衬套、凸轮轴支承轴颈和摇臂衬套等，可以用机油泵加压的压力循环润滑方式；有润滑要求但不易加工油道的零件，如活塞、活塞环、气缸套等，靠连杆大端飞溅的油滴润滑，即飞溅润滑方式；水泵轴、发电机轴等零件则采用定期加注润滑脂的方法来润滑。

四、机油泵

润滑系使用的机油泵有齿轮式和转子式两种。

1. 齿轮式机油泵

齿轮式机油泵主要由泵体、泵盖、主动齿轮、从动齿轮、主动轴等组成，如图 4-1-2 所示。

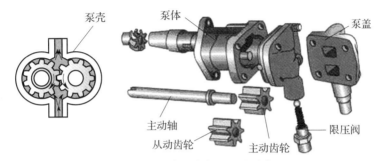

图 4-1-2　齿轮式机油泵的结构

齿轮式机油泵装在气缸体后端底部，由曲轴齿轮直接驱动，泵体内的主动齿轮和从动齿轮分别安装在主动轴、从动轴上。泵盖用螺栓安装在泵壳上，机油泵的进、出油口都设在泵壳上，带有固定式集滤器的吸油管用螺栓固定在进油口处，出油管用螺栓固定在机油泵出油口与泵体相应的油道之间。主动轴的前端伸出泵盖，通过花键套与齿轮轴相连。限压阀安装在机油泵出口处，由弹簧座、调整垫片、弹簧和钢球组成，开口销用来固定弹簧座的位置。

齿轮式机油泵的工作原理如图 4-1-3 所示。柴油机工作时，机油泵齿轮按图 4-1-3 所示箭头方向旋转，进油腔由于轮齿向脱离啮合方向运动而产生一定的真空度，润滑油便从进油口被吸入并充满进油腔。齿轮旋转时，把齿间所存的润滑油带到出油腔内。出油腔一侧轮齿进入啮合，润滑油处于被压状态，油压升高，润滑油经出油口压出。

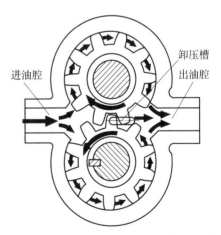

图 4-1-3　齿轮式机油泵的工作原理

机油泵工作时，一部分润滑油将随齿轮的转动被封闭在啮合齿的齿隙中，产生很高的压力，增大了功率消耗，加剧了轴与孔间的磨损。为此，在泵盖上对应啮合齿隙处铣一条卸压槽与出油腔相连，以降低齿隙间润滑油的压力。

2. 转子式机油泵

转子式机油泵由泵体、主动轴、内转子、外转子、泵盖、限压阀等组成，如图 4-1-4 所示。

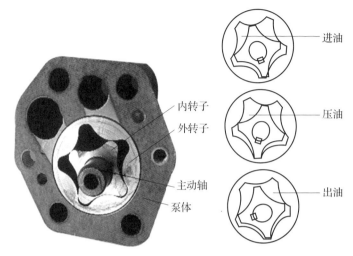

进油

压油

出油

内转子
外转子

主动轴
泵体

图 4-1-4 转子式机油泵的结构及工作原理

转子式机油泵的内转子旋转时，转子每个齿的齿形轮廓线上总能互相成点接触，在内外转子之间形成了多个互相封闭的工作腔，由于外转子总是慢于内转子，这几个工作腔在旋转过程中的位置和容积大小都发生了改变。每个工作腔总是在最小时开始与壳体上的进油孔接通，然后容积逐渐变大，形成真空，把润滑油吸进工作腔。当该容积旋转到与泵体上的出油孔接通且与进油孔断开时，容积逐渐变小，工作腔内压力升高，腔内润滑油从出油孔被压出。

柴油机的机油泵采用齿轮式机油泵较多，转子式机油泵应用较少，如玉林 YC6105、YC6108 柴油机、五十铃 4B 柴油机、东风康明斯 B 系列柴油机等，均采用齿轮式机油泵。

五、机油滤清器

发动机在工作过程中，金属磨屑、尘土、高温下被氧化的积炭和胶状沉淀物、水等不断混入润滑油。机油滤清器的作用是过滤掉这些机械杂质和胶质，保持润滑油的清洁，延长其使用期限。机油滤清器应具有滤清能力强、流通阻力小、使用寿命长等性能。一般润滑系中同时装有几个不同滤清能力的机油滤清器，即集滤器、机油粗滤器和机油细滤器，分别并联或串联在主油道中。

1. 集滤器

集滤器采用滤网式结构，安装在机油泵的进油口处，分为固定式和浮动式两种形式。大多数柴油机都采用固定式集滤器，其结构如图 4-1-5 所示，它的滤网位于油面下，可防止吸入泡沫。固定式集滤器结构简单，由一层滤网通过卡簧固定在吸盘上，便于维护。

2. 机油粗滤器

机油粗滤器为全流式滤清器，串联在机油泵出油口与主油道之间，用来过滤润滑油中颗粒较大的杂质。另外，为便于维护，机油粗滤器安装在气缸体外。

机油粗滤器一般由外壳、纸质滤芯、旁通阀、压紧弹簧、密封垫及其他附件等组成。按固定方式不同，机油粗滤器的滤芯可分为拉杆式、卡箍式和旋装式三种。

（1）拉杆式机油粗滤器

拉杆式机油粗滤器如图 4-1-6 所示，纸质滤芯由微孔滤纸制成，滤芯中间有一个具有许多径向孔的中心管（或圆筒形金属丝网）作为骨架。滤芯内腔用托板及滤芯密封圈和拉杆密封圈通过压紧弹簧压紧来保证密封，外壳通过拉杆和螺母组装在上盖上，上盖上装有旁通阀。

（2）卡箍式机油粗滤器

如图 4-1-7 所示，卡箍式机油粗滤器的结构与拉杆式机油粗滤器基本相同，只是滤芯用卡箍固定，另外在壳体下部设置了一个放污塞。

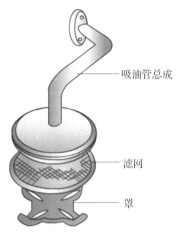

图 4-1-5　固定式集滤器

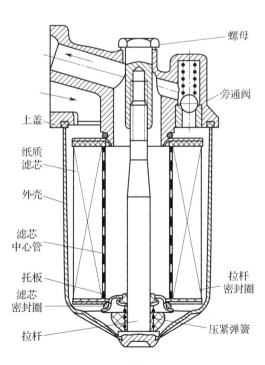

图 4-1-6　拉杆式机油粗滤器

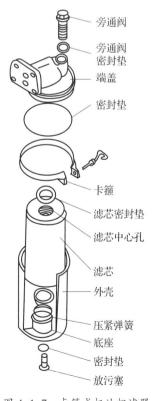

图 4-1-7　卡箍式机油粗滤器

（3）旋装式机油粗滤器

旋装式机油粗滤器如图4-1-8所示，制造时将机油滤清器的大部分零件封装在一起，整体安装到基座上。更换时，用专用扳手直接拧下即可，无需清洗。

越来越多的柴油机，特别是小功率的柴油机，为维护方便采用旋装式机油粗滤器。

3. 机油细滤器

机油细滤器用来清除润滑油中微小的杂质、胶质和水分。由于阻力较大，多并联在润滑油路中。按滤清方式不同，机油细滤器分为过滤式和离心式两种。过滤式机油细滤器与机油粗滤器结构基本相同，只是滤芯能过滤掉更小的杂质。

（1）离心式机油细滤器

离心式机油细滤器靠离心力来分离杂质，解决了前述机油滤清器在滤清效果和通过能力之间的矛盾以及通过能力随淤积物增加而下降等问题，其结构如图4-1-9所示。

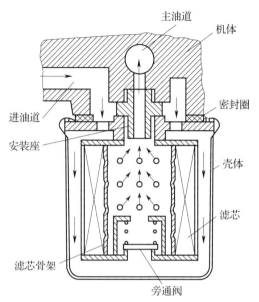

图4-1-8 旋装式机油粗滤器

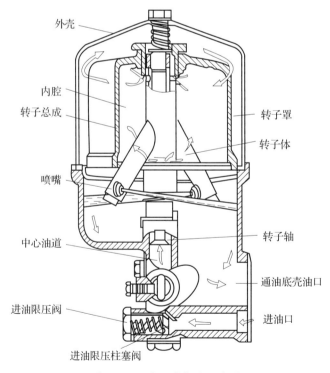

图4-1-9 离心式机油细滤器

柴油机工作时，润滑油从机油泵流至进油口处。当润滑油压力小于 0.147 MPa 时，进油限压阀不开，润滑油不进入机油细滤器而全部流向主油道。当进油口压力达到 0.147~0.196 MPa 时，限压阀打开，润滑油由转子轴中心孔向上经转子轴、转子体上对应的油孔流入转子内腔，又从两喷嘴喷出。高压润滑油从喷嘴喷出时所产生的喷射推力，驱动转子总成连同体内润滑油做高速旋转，形成强大的离心力，使润滑油中的机械杂质和胶质甩向转子罩的内臂，洁净的润滑油不断从喷嘴喷出，并经出油口流回油底壳。

正常情况下，柴油机熄火 2~3 min 后，由于惯性，转子应有轻微的"嗡嗡"旋转声；否则，应检查维护。

（2）复合式机油滤清器

把筒状网式粗滤器套在波折微孔细滤芯的外面，形成粗、细滤清器串联在一起的复合式机油滤清器，如图 4-1-10 所示。复合式机油滤清器串联在主油道上，两个滤芯有各自的旁通阀。当滤芯堵塞时，润滑油压力过高，打开旁通阀，使润滑油绕过滤芯流入主油道。

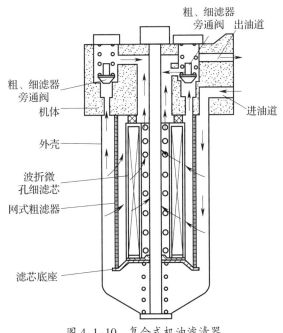

图 4-1-10 复合式机油滤清器

六、机油散热器

柴油机润滑油的温度不宜超过 85 ℃，若超过 125 ℃，润滑油会丧失润滑性能。因此，在一些热负荷较大的柴油机上，除利用油底壳对润滑油散热外，还设有机油散热器。

机油散热器进油管路中一般都设有手动开关和限压阀，用来控制主油路润滑油的进入。当环境温度较低时，应关闭手动开关，使润滑油不流经散热器循环；限压阀可在油压较低时，自动关闭散热器油路。机油散热器分为空冷式和水冷式两种。

空冷式机油散热器如图 4-1-11 所示，一般安装在柴油机前方与主油道并联，利用空气流经散热器带走热量，使其中的润滑油得到冷却，其结构与冷却液散热器基本相同。

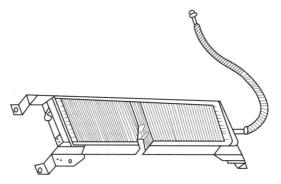

图 4-1-11　空冷式机油散热器

水冷式机油散热器如图 4-1-12 所示，一般分内置式和外置式两种。水冷式机油散热器一般安装在柴油机一侧，串联在主油道之前，冷却液在润滑油管路外流过时，对散热器内的润滑油进行冷却。

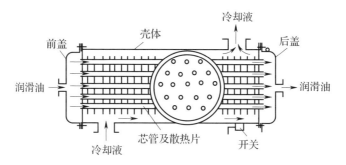

图 4-1-12　水冷式机油散热器

七、曲轴箱通风装置

柴油机工作时，气缸内的可燃气体和燃烧后的废气有一部分会从活塞环的间隙蹿入曲轴箱中。可燃气体冷凝后会使润滑油变稀、变质，高温废气蹿入曲轴箱会使润滑油老化、变质。同时，废气中的水蒸气和酸性气体，会形成水分和各种酸类物质混入润滑油中，对柴油机的零件产生腐蚀和锈蚀。漏入曲轴箱内的气体还会使曲轴箱内的压力升高，从而造成结合面、油封等处漏油。因此，曲轴箱内必须进行通风，以延长润滑油的使用寿命。曲轴箱通风方式有自然通风和强制通风两种。

1. 自然通风

自然通风是将曲轴箱内的气体直接排入大气中。大多数柴油机在曲轴箱上装有一出气管，将曲轴箱内的气体导出，如图 4-1-13 所示。出气管下端有向后的斜切口，在车辆行驶和冷却风扇的共同作用下，使出气管口处形成一定的真空度，从而使曲轴箱内的气体被吸出，同时新鲜空气从气门室盖上的空气进口进入曲轴箱。另外，出气管内装有滤清填料，一是可防止外界尘土进入曲轴箱，二是可挡住润滑油油雾，防止溢出。有些柴油机利用润滑油加油口作为通风装置，即在加油口装一个空气滤芯，既可防止尘土随空气进入曲轴箱，也可防止润滑油从曲轴箱中溅出。曲轴箱自然通风装置结构简单，为大多数柴油机采用，但通风效果差。

2. 强制通风

强制通风是将曲轴箱内的气体导入进气管内，并加以利用，如图 4-1-14 所示。强制通风装置通风效果较好，且能回收可燃气体，减少了对大气的污染。

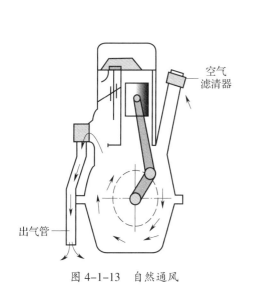

图 4-1-13 自然通风   图 4-1-14 强制通风

任务实施

润滑系零部件的更换与检测

一、工具、设备与辅料

1. 工具：汽车维修通用工具、专用工具、零件车、直尺、塞尺。

2. 设备：柴油机翻转架。

3. 辅料：润滑油、润滑脂、棉纱等。

二、操作步骤

1. 机油散热器芯的更换见表 4-1-1。

表 4-1-1 机油散热器芯的更换

（1）松开机油散热器盖上的螺栓，并拆下机油散热器盖 注意：拆卸前要放掉柴油机内的冷却液	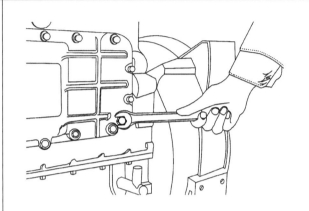
（2）清理机油散热器盖和机身密封结合面并更换新的机油散热器盖垫片	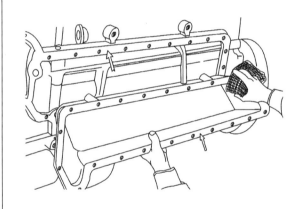
（3）松开机油散热器芯的螺栓	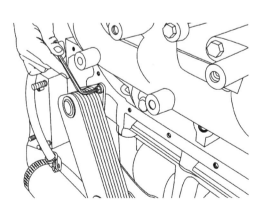

（4）拆下机油散热器芯，并清理干净机身及机油散热器芯法兰结合面	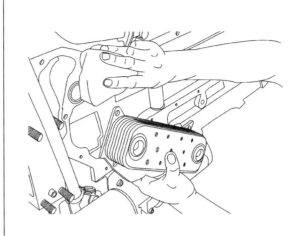
（5）更换机油散热器芯密封圈	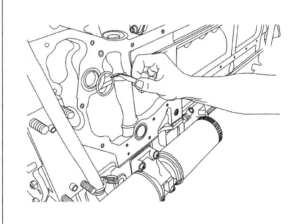
（6）安装新的机油散热器芯，并拧紧六角螺栓 注意：拧紧螺栓前应在螺纹部位涂密封胶	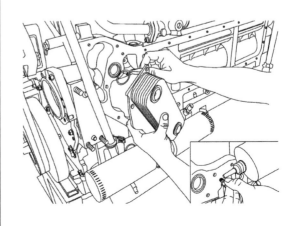

续表

（7）安装机油散热器盖，并拧紧外围所有六角螺栓	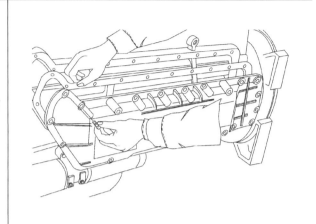

2. 主油道限压阀的更换见表 4-1-2。

表 4-1-2　　　　　　　　　　　　　主油道限压阀的更换

（1）松开油底壳外围六角螺栓	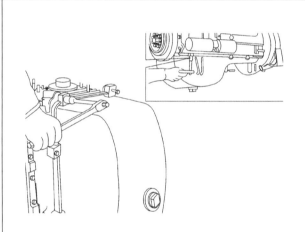
（2）拆下油底壳托块，并拿下油底壳	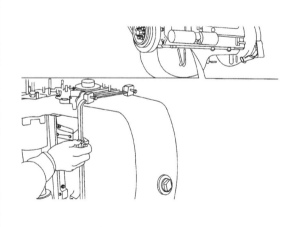

（3）拆下主油道限压阀

注意：拆下主油道限压阀时，应扳动阀体六方的外螺纹端部

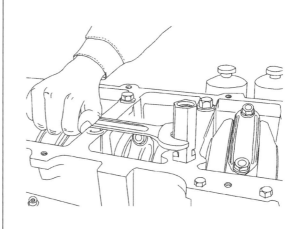

（4）安装新的限压阀，拧入前在螺纹部位涂密封胶

注意：安装新的限压阀时，应扳动阀体六方的外螺纹端部

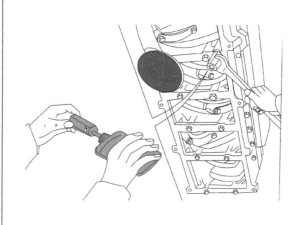

（5）安装油底壳，拧紧六角螺栓

注意：压好油底壳密封圈

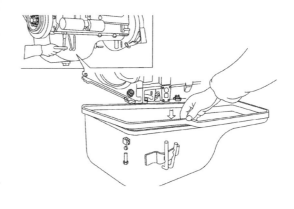

3. 机油泵的更换见表 4–1–3。

表 4–1–3　　　　　　　　　　　　　　机油泵的更换

（1）拆下油底壳和集滤器	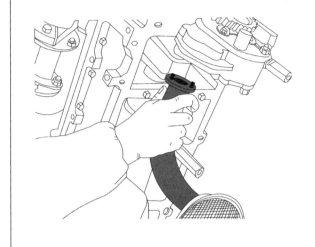
（2）松开吸油管固定压板（双级机油泵）	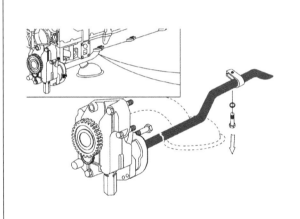
（3）松开吸油管上的六角螺栓，并拆下吸油管	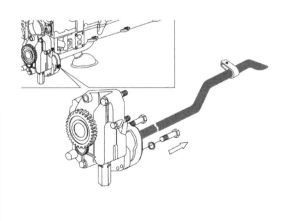

（4）松开张紧轮六角螺母和曲轴带轮螺栓	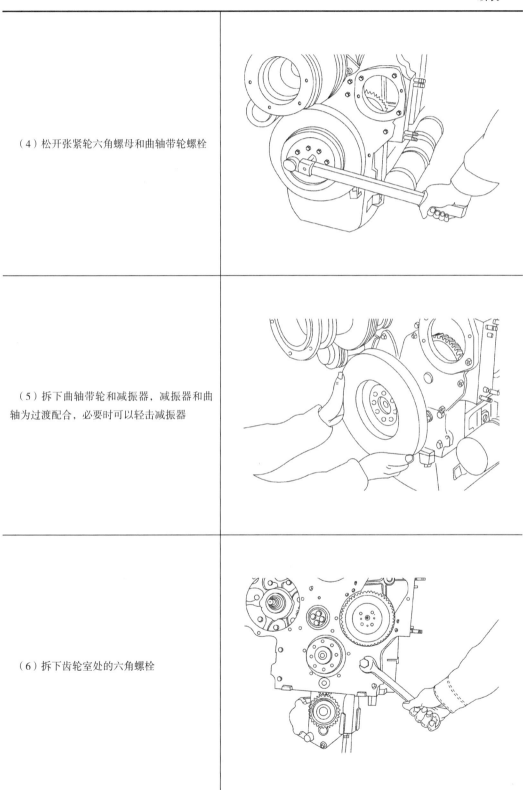
（5）拆下曲轴带轮和减振器，减振器和曲轴为过渡配合，必要时可以轻击减振器	
（6）拆下齿轮室处的六角螺栓	

（7）拆下机油泵中间齿轮轴螺栓	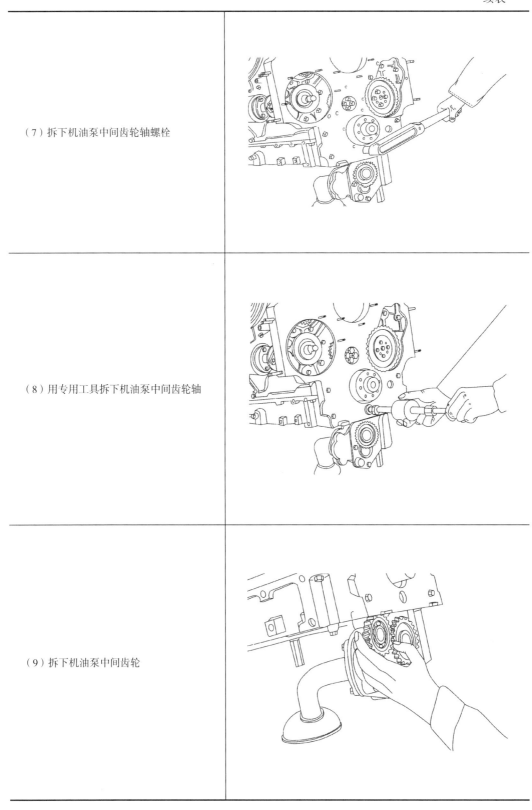
（8）用专用工具拆下机油泵中间齿轮轴	
（9）拆下机油泵中间齿轮	

（10）拆下六角螺塞处的六角螺栓和另外一个六角螺栓	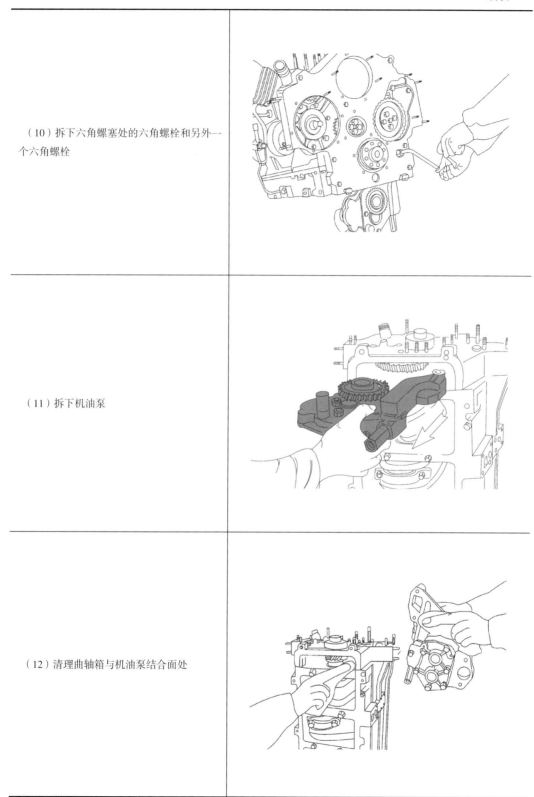
（11）拆下机油泵	
（12）清理曲轴箱与机油泵结合面处	

（13）安装新的机油泵和机油泵垫片，并拧紧六角螺栓

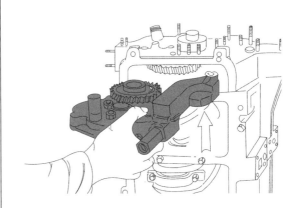

（14）安装机油泵中间齿轮
注意：凸面朝里

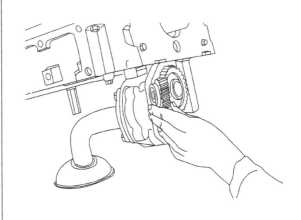

（15）安装机油泵中间齿轮轴

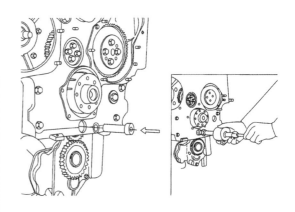

（16）安装中间齿轮轴螺栓，并按规定力矩拧紧

注意：不同型号柴油机的螺栓拧紧力矩不同，具体应查阅相应维修手册

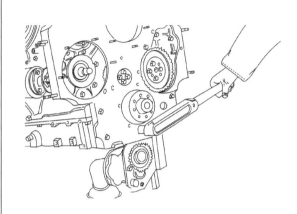

（17）安装减振器和曲轴带轮

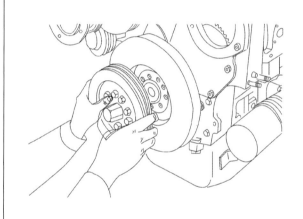

（18）安装曲轴带轮螺栓，并按规定力矩拧紧

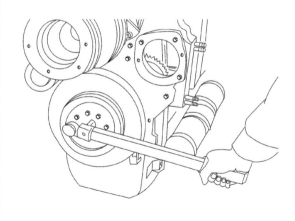

续表

	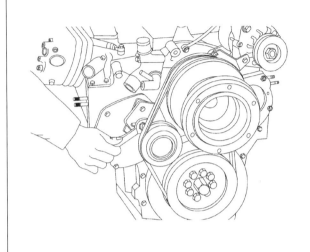
（19）装好传动带，张紧适度后拧紧张紧带轮锁紧螺母	

4. 机油泵泄漏的检测见表 4-1-4。

表 4-1-4　　　　　　　　　　　　　　机油泵泄漏的检测

（1）测量泵盖平面度。用直尺和塞尺检测泵体及泵盖接合面的平面度，若超过 0.10 mm，应进行磨削或研磨修复	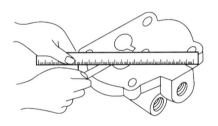
（2）检查齿轮端面间隙。所测值加上机油泵盖垫片厚度即为齿轮与泵盖间端面间隙，一般应为 0.06～0.10 mm。如超过规定范围，可通过增加或减少泵盖下垫片的方法进行调整	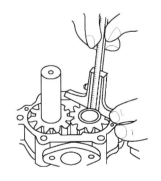

续表

（3）检查齿轮与泵体的间隙。将塞尺插在齿顶与泵体之间进行测量，间隙应为0.082～0.185 mm。若超出，则应更换齿轮或泵体，齿轮要成对更换	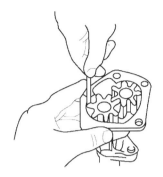
（4）检查主、从动齿轮的啮合间隙。用塞尺在齿轮圆周上互成120°的三等分点测量，啮合间隙一般应为0.05～0.25 mm，如间隙过大，应成对更换齿轮。测量时，各测量点齿轮啮合间隙相差不得大于0.10 mm	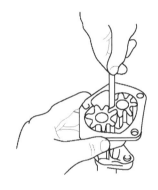

任务 2　冷却系概述

学习目标

1. 能讲述冷却系的作用及分类。
2. 能讲述冷却液散热器的作用及结构。
3. 能讲述水泵的作用、结构及工作原理。
4. 能讲述节温器的作用、结构及工作原理。
5. 依据汽车维修操作要求，熟练、规范地完成水泵传动带的更换。
6. 依据汽车维修操作要求，熟练、规范地完成水泵的更换。

情境导入

新车行驶 5 000 km 后，驾驶员反映冷却液温度持续升高，尤其车辆重载爬坡时冷却液温度过高，超过正常范围，导致发动机过热。经检查，听不到三速电磁风扇离合器吸合的声音，风扇只是低速旋转，冷凝器表面烫手，无法有效散热。进一步检查发现，三速电磁风扇离合器线圈断路，需要更换三速电磁风扇离合器。通过本任务的学习，能否了解冷却系的构造与维修呢？

相关知识

一、概述

1. 冷却系的作用

柴油机工作时，燃料的燃烧以及运动零件间的摩擦会产生大量的热量，使零件强烈受热，特别是直接与燃烧气体接触的零件温度很高。如不采取适当的冷却措施，柴油机机体将过热，引起柴油机动力性、经济性下降，机件磨损加剧、卡滞甚至损坏。为了保证柴油机正常工作，必须对与高温气体接触的机件加以冷却。因此，冷却系的作用是保证柴油机在最适宜的温度状态下工作。

2. 冷却系的分类

根据冷却介质不同，柴油机冷却系分为水冷式和风冷式两种形式，如图 4-2-1 所示。

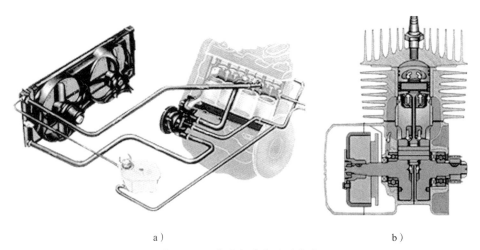

a)   b)

图 4-2-1　柴油机冷却系的分类

a) 水冷式　b) 风冷式

（1）水冷式冷却系

水冷式冷却系以冷却液为冷却介质，热量由机件传给冷却液，靠冷却液的流动把热量带走后散入大气中，散热后的冷却液再重新流回到受热机件处。同时，还可用冷却液预热发动机，便于冬季起动。

采用水冷式冷却系时，冷却液的温度一般应保持在 85～95 ℃。

（2）风冷式冷却系

风冷式冷却系以空气作为冷却介质。采用风冷式冷却系的柴油机在气缸及气缸盖的外壁上铸造出散热片，并用冷却风扇使空气高速吹过散热片表面，带走柴油机散发的热量，使柴油机冷却。

采用风冷式冷却系时，气缸壁的温度应为 150～180 ℃，气缸盖的温度应为 160～200 ℃。

3. 水冷式冷却系

（1）组成结构

汽车柴油机上大多采用强制循环水冷式冷却系。水冷式冷却系主要由散热器、水泵、风扇、水套和节温器等组成，如图 4-2-2 所示。

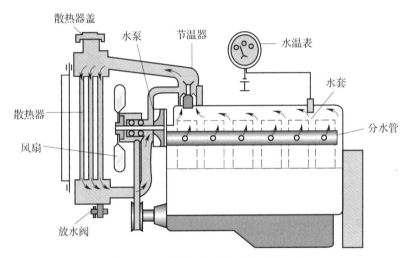

图 4-2-2 柴油机水冷式冷却系的组成

水套是气缸与气缸体外壁之间和气缸盖上下平面之间的夹层空间。气缸体上平面与气缸盖下平面有对应的通水孔，使气缸盖水套与气缸体水套相通，为使各缸冷却均匀一致，有些柴油机在气缸体水套中设置有分水管。

水泵安装在柴油机气缸体的前端面，由曲轴通过传动带驱动，水泵的出水口与水套接通。

散热器安装在柴油机前端支架上，它的进、出水口通过橡胶软管分别与水套出水口和水泵进水口相通。

风扇位于散热器后面，与水泵安装在同一轴上。风扇转动时，产生强大的吸力，增大通过散热器的空气流量和流速，加强散热器的散热效果。

节温器安装在气缸盖出水口处，可根据冷却液的温度自动控制冷却液的循环线路，实现冷却强度的调节。有些柴油机装有风扇离合器，可根据冷却液温度控制风扇转速，也可实现冷却强度调节。

（2）工作情况

柴油机工作时，水泵将冷却液加压送入气缸体水套内，使之在水套中流动，冷却液从气缸壁吸收热量，温度升高，热冷却液向上流入气缸盖，继而从气缸盖流出并进入散热器。由于风扇的强力抽吸作用，空气从前向后高速流过散热器，不断地将流经散热器的冷却液的热量带走。冷却后的冷却液由水泵从散热器底部重新泵入水套，冷却液在冷却系中不断循环。

冷却液在水冷式冷却系内的循环流动路线有两条，一条为大循环，另一条为小循环，如图4-2-3所示。

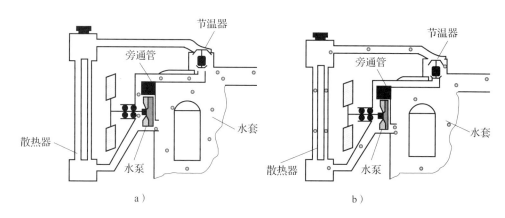

图 4-2-3　水冷式冷却系的大、小循环

a）小循环　b）大循环

1）水冷式冷却系的小循环

冷却液经水泵→水套→节温器后不经散热器，而直接由水泵压入水套的循环，这种循环方式冷却液的流动路线短，散热强度小，称为水冷式冷却系的小循环。

2）水冷式冷却系的大循环

冷却液经水泵→水套→节温器→散热器，又经水泵压入水套的循环，这种循环方式冷却液的流动路线长，散热强度大，称为水冷式冷却系的大循环。

（3）水冷式冷却系的维护

柴油机冷却系中所用的冷却介质称为冷却液。为提高冷却效果和保持冷却系统性能良好，多在冷却液中添加一定比例的防冻剂和防锈剂。冷却液是柴油机冷却系统最佳的保护剂，可以对散热器起到防冻、防腐蚀及防过热的保护作用，其中所含化学成分能够防止柴油机的重要构件如气缸体、水箱、水泵及散热器中的冷却管道积垢。

（4）冷却液的使用

1）冷却液的特性

①冰点：冷却液的冰点应不高于标定的温度级别，并具有长效性，经过长期使用，

冰点不会发生较大变化。

②沸点：冷却液的沸点应不低于水的沸腾温度，这是为保证柴油机在高温运行状态时冷却液不致亏失，避免造成车辆损坏。

③防腐性：冷却液对铜、钢、铁、铝、锡等汽车冷却系可能使用的金属不应有腐蚀性，对相关有机涂料不应有不良影响，以确保冷却系运行完好。

④颜色：冷却液应加入着色剂使其具有显著而稳定的颜色，便于驾驶员识别散热器内是否有足量冷却液，并能根据颜色深浅的变化判断冷却液的浓度是否发生变化。

2）冷却液的使用方法

①入冬时，必须检查冷却系内冷却液的浓度。

②当气温低于 0 ℃时，应在汽车每行驶一定里程时检查冷却液的浓度，确保柴油机能在较低的温度状态下正常运行。

③冷却液的技术参数见表 4-2-1。

表 4-2-1　　　　　　　　　　　　冷却液的技术参数

规格	颜色	冰点 /℃	相对密度	pH 值
-50	蓝色	-50	1.060 ~ 1.070	7.5 ~ 9
-40	蓝色	-40	1.055 ~ 1.060	7.5 ~ 9
-35	蓝色	-35	1.040 ~ 1.055	7.5 ~ 9
-30	蓝色	-30	1.035 ~ 1.040	7.5 ~ 9
-20	红色	-20	1.030 ~ 1.035	7.5 ~ 9
-10	红色	-10	1.020 ~ 1.025	7.5 ~ 9

3）加注或更换冷却液

加注冷却液不要过急，否则柴油机水套中的气体不易排出，加注速度以 13.5 L/min 为宜。第一次加冷却液应加到散热器水箱内挡流板处（从加水口处可见），然后启动柴油机，怠速热机，热机后检查水箱液面；若液面不到挡流板处，可再加注。

（5）清除冷却系水垢

在柴油机工作过程中，冷却系各机件工作正常，但柴油机温度过高时，应清除冷却系水垢。通常使用循环酸法除垢。水垢的主要成分是碳酸盐时，可直接用 8% ~ 10% 的盐酸溶液清除；水垢的主要成分是硫酸盐时，应先用碳酸钠溶液处理，然后再用盐酸溶液清除；水垢的主要成分是硅酸盐时，可用加入适量氟化钠或氟化铵的盐酸溶液清除，或用浓度为 2% ~ 5% 的磷酸三钠溶液清除。

柴油机需要清除水垢时，应将选定的酸溶液加入冷却系中，启动柴油机，使酸溶液在水套及散热器中循环流动，将水垢转化为可溶于水的物质，除垢时间视水垢的沉淀程度而定。除垢后，应加入清水循环冲洗，以清除水套及散热器中残留的酸。

4. 风冷式冷却系

有些柴油机采用风冷式冷却系，如图 4-2-4 所示，利用高速空气吹过气缸盖和气缸体的外表面，把从气缸内部传出的热量散发到大气中去，以保证柴油机在最有利的温度范围内工作。

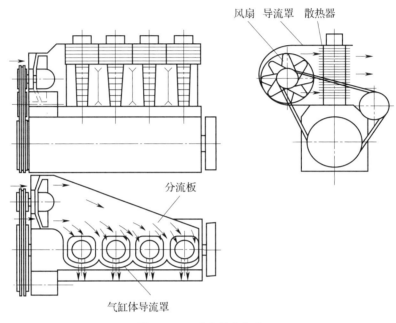

图 4-2-4　风冷式冷却系

柴油机的气缸和气缸盖采用传热较好的铝合金铸成，为了增大散热面积，各缸一般分开制造，在气缸和气缸盖表面分布许多均匀排列的散热片，以增大散热面积，利用车辆行驶时的高速空气流把热量吹散到大气中去。

由于柴油机功率较大，需要冷却的热量较多，多采用功率、流量较大的轴流式风扇以加强柴油机的冷却。为了有效利用空气流和保证各缸冷却均匀，在柴油机上装有导流罩、分流板和气缸体导流罩。

风冷式冷却系与水冷式冷却系相比，具有结构简单、质量小、故障少、无需特殊维护等优点，但是也有材料质量要求高、冷却不均匀、工作噪声大等缺点，在汽车上使用较少。

二、散热器

散热器的作用是将水套中流出的水的热量散发到大气中，以保证柴油机正常工作。散热器进、出水的温差不能过大，以免使气缸体产生较大的热应力，引起变形或裂纹。

散热器由上贮水室、散热器芯和下贮水室等组成，其结构如图 4-2-5 所示。

散热器上贮水室顶部有加水口，冷却液由此注入整个冷却系并用散热器盖盖住。在上贮水室和下贮水室上分别装有进水管和出水管，进水管和出水管分别用橡胶软管与气缸盖的出水管及水泵的进水管相连，这样便于安装，而且当柴油机和散热器之间产生少量位移时又不会漏液。在散热器下面一般装有减振垫，防止散热器受振动而损坏。在散热器下贮水室的出水管上还有放水开关，必要时可将散热器内的冷却液放掉。

散热器芯由许多冷却管和散热片组成，散热器芯应有尽可能大的散热面积，采用散热片就是为了增加散热器芯的散热面积。散热器芯的结构形式有很多，常用的有管片式和管带式，如图 4-2-6 所示。

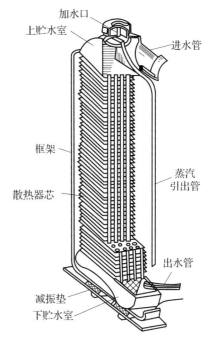

图 4-2-5 散热器的结构

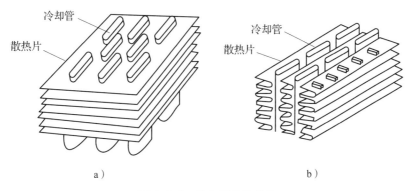

图 4-2-6 散热器芯的结构

a）管片式散热器芯 b）管带式散热器芯

管片式散热器芯冷却管的断面大多为扁圆形，它连通上、下贮水室，是冷却液的通道。与圆形断面的冷却管相比，扁圆形管不但散热面积大，而且当管内的冷却液结冰膨胀时，扁圆形管可以借其横断面变形而避免破裂。这种散热器芯强度和刚度好，耐高压，但制造工艺较复杂，成本高。

管带式散热器芯采用冷却管和散热带沿纵向间隔排列的方式，散热片上的小孔是为了破坏空气流在散热片上形成的附面层，使散热能力提高。这种散热器芯散热能力强，制造工艺简单，成本低，但刚度不如管片式大，一般多为乘用车和中型车柴油机采用。

散热器必须有足够的散热面积，且所用材料的导热性能要好，因此，散热器一般由铜或铝制成。

散热器的加水口平时用散热器盖盖住，以防冷却液溅出，但完全与大气隔绝也不行，因为冷却液的水蒸气积聚在冷却系中，使其气压升高，可能胀坏散热器芯，因此在加水口处装有蒸汽引出管以排除蒸汽。蒸汽引出管始终与大气相通的冷却系，称为开式冷却系。开式冷却系耗水量大，许多柴油机在散热器盖上装有空气 - 蒸汽阀。装有空气 - 蒸汽阀的冷却系称为闭式冷却系。平时阀门关闭，将冷却系与大气隔开，防止蒸汽溢出，使冷却系内的压力稍高于大气压力，从而可提高冷却液的沸点，减少水的消耗。

空气 - 蒸汽阀的结构和工作原理如图 4-2-7 所示。

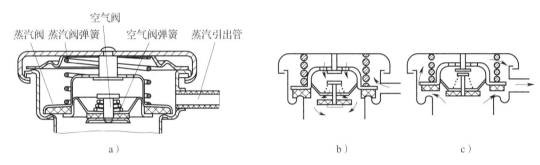

图 4-2-7　空气 - 蒸汽阀的结构和工作原理
a）结构　b）原理一　c）原理二

冷却系在正常压力条件下，蒸汽阀与空气阀在各自弹簧作用下均处于关闭状态，使冷却系与大气隔开。当散热器中的压力高达一定数值时（一般高于大气压力 $0.02 \sim 0.03$ MPa，此时水的沸点为 $105 \sim 108$ ℃），蒸汽阀弹簧被压缩，蒸汽阀开启，水蒸气由蒸汽引出管排出（图 4-2-7c），以免冷却系压力过高将散热器胀坏。当水温下降，水蒸气凝结而使冷却系真空度达到一定数值时（一般为 $0.01 \sim 0.02$ MPa），空气阀弹簧被压缩，空气阀开启，空气从蒸汽引出管进入散热器（图 4-2-7b），以免散热器被大气压力压坏。

柴油机在热机状态下，如需打开闭式散热器的散热器盖时，应慢慢旋开，使冷却系的压力逐渐降低，以免蒸汽和沸水喷出伤人。从放水开关放出冷却液时，也要先打开散热器盖，才能将水放尽。

三、水泵

水泵的作用是对冷却液加压，使之在冷却系中循环流动，保证冷却可靠。车用柴油机上多采用离心式水泵。离心式水泵具有结构简单、尺寸小、排水量大、维修方便等优点。

离心式水泵主要由泵体、叶轮和水泵轴等组成，叶轮一般是径向或向后弯曲的，其叶片数目一般为 $6 \sim 9$ 片，离心式水泵的工作原理如图 4-2-8 所示。

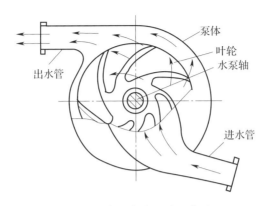

图 4-2-8　离心式水泵的工作原理

当叶轮旋转时，水泵中的冷却液被叶轮带动一起旋转，在惯性力作用下，冷却液被甩向叶轮边缘，然后经外壳上与叶轮成切线方向的出水管压送到柴油机水套内。与此同时，叶轮中心处的压力降低，散热器中的水便经进水管被吸进叶轮中心部分。如此连续作用，使冷却液在水路中不断循环。

四、节温器

节温器通常位于气缸盖水套出水口处，通过控制进入散热器的冷却液量，自动调节冷却系的冷却强度。节温器分为皱纹筒式和蜡式两种，二者又都有单阀式和双阀式之分，以下主要介绍蜡式节温器。

双阀蜡式节温器的结构及工作原理如图 4-2-9 所示，上支架与阀座、下支架铆接成一体，中心杆固定在上支架中心处，并插于橡胶管的中心孔中。橡胶管与节温器感应体之间的空腔内充满着石蜡，为提高导热性，石蜡中常掺有铜粉或铝粉。为防止石蜡流

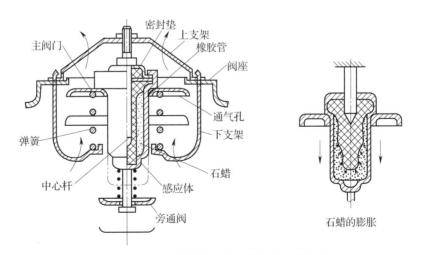

图 4-2-9　双阀蜡式节温器的结构及工作原理

出，感应体上端向内卷边，并通过上盖和密封垫将橡胶管压紧在感应体的台阶面上。节温器的主阀门固定在感应体的上端，主阀门与上支架之间装有弹簧。旁通阀套装在感应体下端的阀杆上，并正对着旁通阀口，主阀上有通气孔，加水时水套内的空气可由此排出。

常温时，石蜡呈固态，主阀门压在阀座上，此时主阀门关闭了通往散热器的水路，来自柴油机气缸盖出水口的冷却液经水泵又流回气缸体水套中，进行小循环。当柴油机冷却液温度升高时，石蜡逐渐变成液态，体积随之增大，迫使橡胶管收缩，从而对反推杆上端产生向上的推力。由于反推杆上端固定，故反推杆对橡胶管、感应体产生向下的反推力，主阀门开启，当柴油机冷却液温度达到 80 ℃以上时，主阀门全开，来自气缸盖出水口的冷却液流向散热器而进行大循环。

单阀蜡式节温器没有旁通阀，冷却液始终存在着小循环。

蜡式节温器工作稳定，对冷却液的流动阻力小，使用寿命长，容易制造，应用广泛。节温器是冷却系中用来调节冷却温度的重要机件，其工作是否正常对柴油机的工作温度影响很大，因此，节温器不可随便拆除。

五、风扇

风扇的作用是提高通过散热器芯的空气流速，增加散热效果，加速冷却液的冷却。风扇通常安装在散热器后，与水泵同轴。当风扇旋转时，对空气产生吸力，使之沿轴向流动。空气流由前向后通过散热器芯，使流经散热器芯的冷却液加速冷却。

车用柴油机的风扇有轴流式和离心式两种，如图 4-2-10 所示。轴流式风扇所产生的风，其流向与风扇轴平行；离心式风扇所产生的风，其流向为径向。轴流式风扇效率高、风量大、结构简单、布置方便，因而得到了广泛应用。

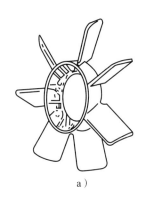
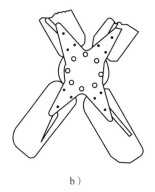

a）   b）

图 4-2-10　风扇
a）轴流式　b）离心式

六、风扇离合器

为防止柴油机产生"过热"和"过冷"现象，缩短热启动时间，减小磨损，降低柴油机风扇的功率消耗，减小风扇噪声，节省燃料和减小排气污染，某些汽车柴油机上采用风扇离合器来控制风扇工作，以达到自动调节冷却强度的目的。风扇离合器按结构形式可分为硅油式、电磁式等。

硅油式风扇离合器以硅油为扭转传递介质，其结构简单，工作效果好。

电磁式风扇离合器利用柴油机的冷却液温度来自动控制电磁式风扇离合器电路的接通与断开，使风扇按需要工作。

七、百叶窗

由于节温器的存在，在冬季冷车启动后的暖机过程中，或在严寒地带温度较低时，柴油机内的冷却液只进行小循环，冷却液在散热器内可能冻结。因此，须在散热器前安装挡风装置，用来调节流过散热器的空气量，以调节冷却系的冷却强度，使柴油机保持在合适的温度范围内工作。

百叶窗是由许多活动挡板组成的，有垂直安装的，也有水平安装的，手柄位于驾驶室内，可通过传动件调节多片挡板的开度，这样可根据仪表盘上的冷却液温度指示表来显示冷却系的温度，再根据冷却液温度来调节百叶窗的开闭程度，以改变空气流的强度。

任务实施

冷却系零部件的更换

一、工具、设备与辅料

1. 工具：汽车维修通用工具、专用工具、零件车。
2. 设备：柴油机翻转架。
3. 辅料：润滑油、润滑脂、棉纱等。

二、操作步骤

1. 水泵传动带的更换见表 4-2-2。

表 4-2-2   水泵传动带的更换

（1）松开发电机调整螺栓，取下发电机传动带	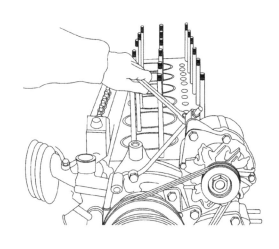
（2）松开张紧轮的六角锁紧螺母，拆下水泵传动带	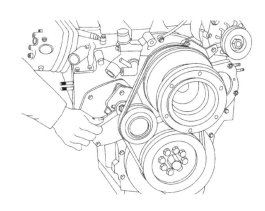
（3）换上传动带，张紧合适后重新拧紧六角螺母和发电机调整螺栓	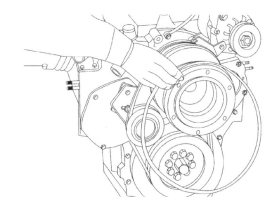

2. 水泵的更换见表 4-2-3。

表 4-2-3　　　　　　　　　　　　　水泵的更换

（1）松开发电机调整螺栓，拆下传动带	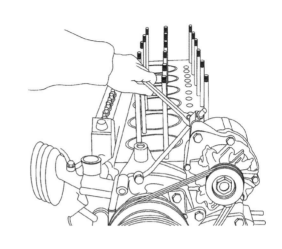
（2）松开发电机固定板处的螺栓	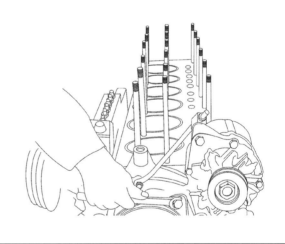
（3）拆下调整螺栓和与齿轮室连接的六角螺母	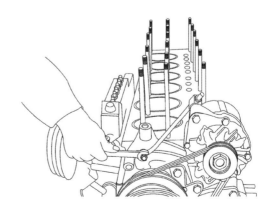

续表

（4）拆下发电机	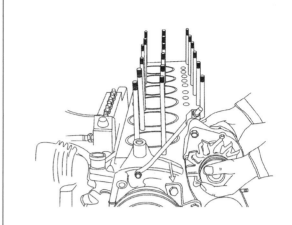
（5）松开张紧轮六角锁紧螺母，拆下水泵传动带	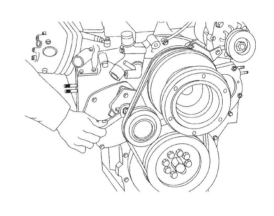
（6）松开水管接头处的橡胶软管卡箍	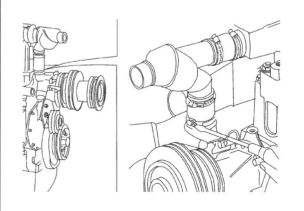

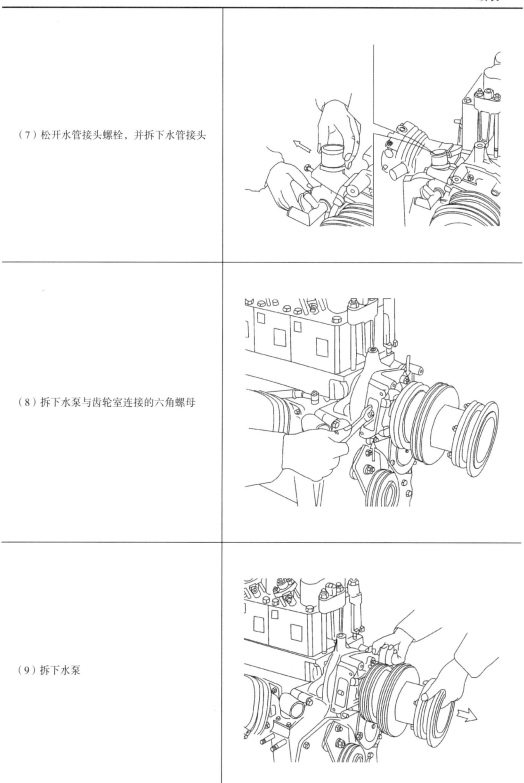

（7）松开水管接头螺栓，并拆下水管接头

（8）拆下水泵与齿轮室连接的六角螺母

（9）拆下水泵

（10）擦净水泵密封面	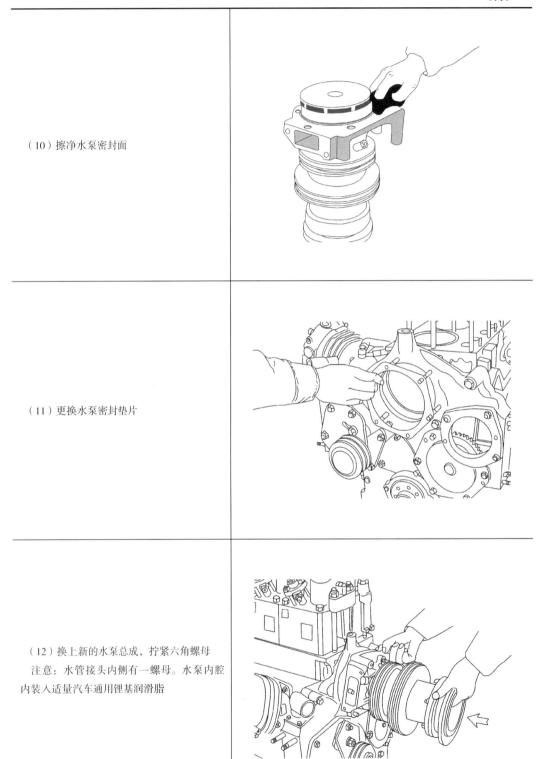
（11）更换水泵密封垫片	
（12）换上新的水泵总成，拧紧六角螺母 注意：水管接头内侧有一螺母。水泵内腔内装入适量汽车通用锂基润滑脂	

（13）安装水管接头，拧紧水管接头上的螺栓，并安装橡胶软管	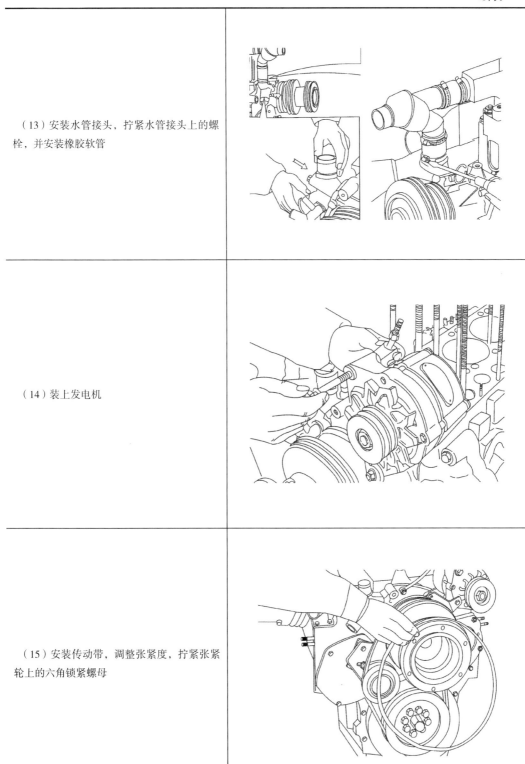
（14）装上发电机	
（15）安装传动带，调整张紧度，拧紧张紧轮上的六角锁紧螺母	

（16）安装发电机传动带，张紧适度后拧紧
调整螺栓上的螺母和固定板处的螺母

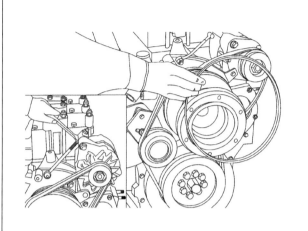

项目五

—— 燃料供给系

任务 1　燃料供给系概述

学习目标

1. 能讲述燃料供给系的作用。
2. 能讲述燃料供给系的组成。
3. 能讲述燃料供给系的基本油路。
4. 能讲述可燃混合气的形成过程。
5. 能讲述燃烧室的结构形式。
6. 能讲述调速器的结构及工作原理。

情境导入

燃料供给系作为柴油机的重要组成部分，其作用是将适量的柴油精确、及时地输送到柴油机的燃烧室中，与空气混合后燃烧，从而产生动力。这一系统涉及燃油的储存、滤清、输送、喷射等多个环节，每一个环节都至关重要。如果燃料供给系统出现故障，柴油机的性能将会受到严重影响，甚至可能导致熄火。通过本任务的学习，能否了解燃料供给系呢？

相关知识

一、燃料供给系的作用

柴油机是以柴油为燃料的内燃机，柴油与汽油相比，黏度大、蒸发性差。柴油机燃料供给系的作用是完成燃料的储存、滤清和输送工作，按柴油机各种不同工况的要求，定时、定压并以一定的喷油量将柴油喷入燃烧室，使其与空气迅速、良好地混合后燃烧。

二、燃料供给系的组成

柴油机燃料供给系由燃油供给装置（图 5-1-1）、空气供给装置、混合气形成装置及废气排出装置组成。

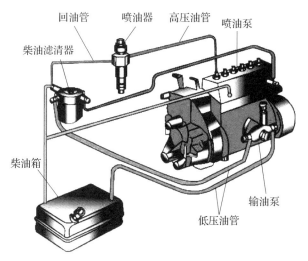

图 5-1-1　柴油机燃油供给装置

（1）燃油供给装置：柴油箱、低压油管、输油泵、柴油滤清器、喷油泵、高压油管、喷油器、回油管等。

（2）空气供给装置：空气滤清器、进气管道和气缸盖内的进气道等。

（3）混合气形成装置：燃烧室。

（4）废气排出装置：排气管道、消声器。

三、燃料供给系基本油路

柴油机燃料供给系的基本油路包括低压油路、高压油路和回油油路，如图 5-1-2 所示。

1. 低压油路

从油箱到喷油泵入口这一段油路，其油压由输油泵建立，一般为 150~300 kPa，因此称为低压油路。该油路主要完成柴油的储存、输送和滤清等。

2. 高压油路

从喷油泵到喷油器这一段油路，其油压由喷油泵建立，一般在 10 MPa 以上，因此称为高压油路。柴油供给任务主要由高压油路来完成。

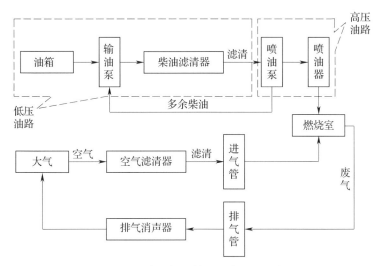

图 5-1-2　柴油机燃料供给系油路示意图

3. 回油油路

由于输油泵供油量是喷油泵出油量的 3～4 倍，柴油滤清器和喷油泵上都装有溢流阀，使多余燃油经溢流阀和回油管流回输油泵进口或直接流回油箱。

四、可燃混合气的形成过程

柴油机采用高压喷射的方法，在压缩行程结束稍前时刻，把燃油直接喷入燃烧室内部与空气混合形成可燃混合气。如果柴油机的转速为 1 500 r/min，那么在曲轴转角 30°内喷油完毕时，与空气混合的过程仅为 1/300 s。柴油机转速越高，可燃混合气混合时间越短，当可燃混合气温度升至其自燃温度时，即自行着火燃烧。图 5-1-3 所示为柴油机

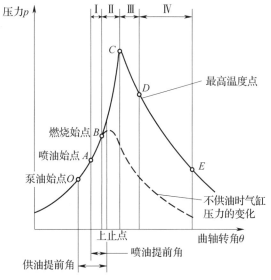

图 5-1-3　气缸压力与曲轴转角的关系曲线

混合气燃烧过程中，气缸压力与曲轴转角的关系曲线，表示在压缩行程和做功行程中，气缸内的压力随曲轴转角变化的关系，以及柴油机可燃混合气的形成和燃烧过程。

图 5-1-3 所示 *O* 点为泵油始点，指喷油泵开始供油的时刻；*A* 点为喷油始点，指喷油开始的时刻；*B* 点为燃烧始点，指气缸内的可燃混合气开始着火时刻。供油提前角指从泵油始点至活塞到达压缩上止点时所对应的曲轴转角。各种柴油机给出的均为供油提前角。喷油提前角指喷油始点 *A* 开始至活塞到达压缩上止点时所对应的曲轴转角。

五、燃烧室的结构形式

由于柴油机混合气的形成和燃烧是在燃烧室内进行的，因此燃烧室的结构形式直接影响混合气的品质和燃烧状况。

1. 直接喷射式燃烧室

直接喷射式燃烧室是由凹型活塞顶与气缸盖底面包围的单一内腔，几乎全部容积都在活塞顶面上。采用这种燃烧室时，燃油由喷油器直接喷射到燃烧室中，喷出油柱的形状和燃烧室形状相匹配，借助室内的空气涡流运动迅速形成混合气。直接喷射式燃烧室的结构形式及特点见表 5-1-1。

表 5-1-1　　　　　　　　　　　　直接喷射式燃烧室的结构形式及特点

结构形式	特点	示意图
ω 形燃烧室	柴油直接喷射在活塞顶的浅凹坑内，雾化效果好，柴油可均匀地分布在空气中。喷射压力高，一般为 17 ~ 22 MPa，采用多孔喷嘴，喷油孔数一般为 6 ~ 12 个 优点：形状简单，结构紧凑，燃烧室与水套接触面积小，散热少，可减少热损失，热效率高，经济性较好 缺点：工作粗暴，喷射压力高，制造困难，喷油孔易堵	
球形燃烧室	空气由气缸盖螺旋形进气道以切线方向进入气缸，绕气缸轴线做高速螺旋转动，并一直延续到压缩行程。喷油器沿气流运动的切线方向喷入柴油，使绝大部分柴油直接喷射在燃烧室壁面上形成油膜；小部分柴油雾珠散布在压缩空气中，并迅速蒸发燃烧，形成火源 优点：工作柔和，噪声小 缺点：启动困难，螺旋形进气道结构复杂，制造困难	

2. 分隔式燃烧室

分隔式燃烧室由两部分组成，一部分位于活塞顶与气缸盖底面之间，称为主燃烧室；另一部分在气缸盖中，称为副燃烧室，这两部分由一个或几个孔道相连。

分隔式燃烧室的特点是混合气的形成主要靠强烈的空气运动，对喷油系统要求不高，因而可采用有较大喷油孔的轴针式喷油器及较低的喷油压力，使用故障少。混合气燃烧是在两个部分内先后进行的，因此主燃烧室内的气压升高比较缓和，柴油机工作比较平稳，曲轴连杆机构所受的载荷也较小，排气污染小；但由于散热面积大，燃油消耗较高，启动性差。因此，一般在分隔式燃烧室上增设预热装置，如电预热塞等。

分隔式燃烧室的常见结构形式有涡流室式和预燃室式两种，见表5-1-2。

表5-1-2　　　　　　　　　　　分隔式燃烧室的结构形式及特点

结构形式	特点	示意图
涡流室式燃烧室	涡流室式燃烧室的副燃烧室是球形或圆柱形的涡流室，容积占燃烧室总容积的50%～80%，涡流室有切向通道与主燃烧室相通。在压缩行程中，气缸内的空气被活塞推挤，经过通道进入涡流室，形成高速旋转运动 柴油喷入涡流室中，在空气涡流的作用下，形成较浓的混合气。部分混合气在涡流室中着火燃烧，已燃与未燃的混合气高速（经通道）喷入主燃烧室，借活塞顶部的双涡流凹坑，产生第二次涡流，促使进一步混合和燃烧 要求：顺气流方向喷射，由于涡流运动促进了混合气的形成与燃烧，可采用较大孔径的喷油器，喷射压力也较低（12～14 MPa） 优点：工作柔和，空气利用率较高 缺点：热损失大，经济性差，启动困难	
预燃室式燃烧室	预燃室式燃烧室的气缸盖上有预燃室，占燃烧室总容积的1/3，预燃室与主燃室有通道，活塞为平顶。通道不是切向的，因此压缩时不产生涡流。连通预燃室与主燃室的通道直径较小，由于节流作用产生压力差，使预燃室内形成紊流运动，油束大部分喷射在预燃室的出口处，只有少部分与空气混合（出口处较浓，而上部较稀），上部着火后产生高压，已燃的和出口处较浓的混合气一同高速喷入主燃室，在主燃室内产生强烈的二次流动，使大部分燃料在主燃室内混合和燃烧 其优缺点与涡流室式燃烧室基本相同	

3. U 形燃烧室

U 形燃烧室的活塞凹顶剖面轮廓呈 U 形，如图 5-1-4 所示。与球形燃烧室一样，其主要是借助高速空气涡流把燃油均匀分布在燃烧室壁面形成油膜，然后蒸发而形成混合气，不同之处在于 U 形燃烧室的燃油喷射方向基本垂直于气流方向，由气流将燃油甩到燃烧室壁上形成均匀的油膜。其中，有一小部分细小油膜没有被甩到燃烧室壁上而留在高温空气中，首先形成火源，起引燃作用。在低速时，空气涡流弱，甩到燃烧室壁面上的油量少，留在空间的油量多，提高了柴油机的动力性。

U 形燃烧室多采用单孔轴针式喷油器，喷油孔直径较大，不易堵塞，喷油压力较低。

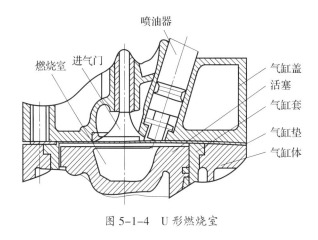

图 5-1-4　U 形燃烧室

六、调速器的结构及工作原理

柴油机上装有调速器是由柴油机的工作特性决定的。汽车柴油机的负荷经常变化，当负荷突然减小时，若不及时减少喷油泵的供油量，柴油机的转速将迅速增高，甚至超出柴油机设计所允许的最高转速，这种现象称为"超速"或"飞车"。相反，当负荷骤然增大时，若不及时增加喷油泵的供油量，柴油机的转速将急速下降直至熄火。柴油机超速或怠速不稳时，利用调速器及时调节喷油泵的供油量，才能保持柴油机稳定运行。

按工作原理不同，汽车柴油机调速器可分为机械式、气动式、液压式、机械气动复合式、机械液压复合式和电子式等多种形式。应用最广的是机械式调速器，其结构简单、工作可靠、性能良好。

按起作用的转速范围不同，调速器又分为两极式调速器和全程式调速器。中、小型汽车柴油机多采用两极式调速器，以起到防止超速和稳定怠速的作用。重型汽车上则多采用全程式调速器，这种调速器除具有两极式调速器的功能外，还能对柴油机工作转速范围内的任何转速起调节作用，使柴油机在各种转速下都能稳定运转。

1. RQ 型两极式调速器

两极式调速器只在柴油机的最高转速和怠速时起自动调节作用，而在最高转速和怠速之间的其他任何转速时，不起调节作用。RQ 型两极式调速器是最典型的两极式调速器。

（1）结构

调速器通常由感应元件、传动元件和附加装置三部分组成。感应元件用来感知柴油机转速的变化，并发出相应的信号；传动元件则根据此信号进行供油量的调节。如图 5-1-5 所示为 RQ 型两极式调速器的结构。

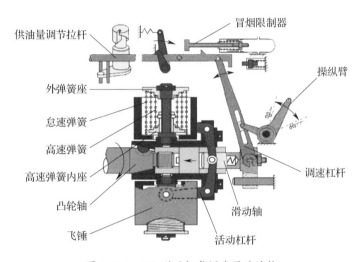

图 5-1-5　RQ 型两极式调速器的结构

（2）工作原理（表 5-1-3）

表 5-1-3　　　　　　　　　　　RQ 型两极式调速器的工作原理

工况	工作过程	示意图
怠速	柴油机启动后，将调速手柄置于怠速位置。怠速时柴油机转速很低，飞锤的离心力较小，只能与怠速弹簧力相平衡，飞锤处于内弹簧座与安装飞锤的轴套之间的某一位置 怠速转速降低时，飞锤离心力减小，在怠速弹簧的作用下，飞锤移向回转中心，同时带动活动杠杆和活动轴，使调速杠杆下端的铰接点以滑块为支点向左移动，调速杠杆则推动供油量调节拉杆向右移动，增加供油量，使转速回升 怠速转速增高时，飞锤的离心力增大，飞锤便压缩怠速弹簧远离回转中心，同样通过活动杠杆和滑动轴使调速杠杆下端的铰接点以滑块为支点向右移动，供油量调节拉杆则向左移动，减小供油量，使转速降低	

续表

工况	工作过程	示意图
中速	将调速手柄从怠速位置移至中速位置，供油量调节拉杆处于部分负荷供油位置，柴油机转速较高，飞锤进一步外移直到飞锤底部与高速弹簧内座接触为止。柴油机在中等转速范围内工作时，飞锤的离心力不足以克服急速弹簧和高速弹簧的共同作用力，飞锤始终紧靠在高速弹簧内座上而不能移动，即调速器在中等转速范围内不起调节供油量的作用。但此时驾驶员可根据汽车行驶的需要改变调速手柄的位置，使调速杠杆以其下端的铰接点为支点转动，并拉动供油量调节拉杆增加或减少供油量	
最高速	将调速手柄置于最高速位置，供油量调节拉杆相应地移至全负荷供油位置，柴油机转速由中速升高到最高速。此时，飞锤的离心力相应增大，并克服全部调速弹簧的作用力，使飞锤连同高速弹簧内座一起向外移到一个新的位置。在此位置，飞锤离心力与弹簧作用力达到新的平衡。若柴油机转速超过规定的最高转速，则飞锤的离心力便超过调速弹簧的作用力，使供油量调节拉杆向减油方向移动，防止柴油机超速	

2. 全程式调速器

　　机械离心式全程调速器的结构形式很多，有与柱塞式喷油泵配套的，也有装在分配式喷油泵体内的，但其工作原理却基本相同。下面以 VE 型分配泵调速器为例，说明机械离心式全程式调速器的基本结构及工作原理。

　　（1）VE 型分配泵调速器的结构

　　VE 型分配泵调速器的结构如图 5-1-6 所示。

　　（2）VE 型分配泵调速器的工作原理

　　由于调速器传动轴旋转所产生的飞锤离心力与调速弹簧张力相互作用，如果两者不平衡，调速套筒便会移动。调速套筒的移动通过调速器的杠杆系统使供油量调节套筒的位置发生变化，从而增减供油量，以适应柴油机运行工况的变化。VE 型分配泵调速器的工作原理见表 5-1-4。

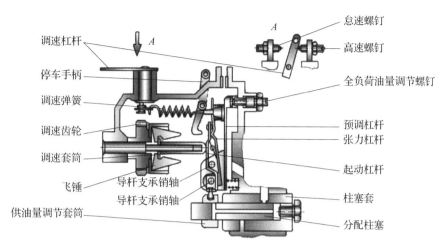

图 5-1-6　VE 型分配泵调速器的结构

表 5-1-4　　　　　　　　　　VE 型分配泵调速器的工作原理

工况	工作过程	示意图
启动	启动开始，飞锤收拢，加速踏板踩到底，调速杠杆抵住高速螺钉，拉伸调速弹簧，起动弹簧使起动杠杆上端和调速套筒左移到极限位置，并在张力杠杆凸起销和起动杠杆之间出现间隙 A，供油量调节套筒右移至最大供油量位置 C	
怠速	调速杠杆抵住怠速螺钉，调速弹簧无张力，起动弹簧被压缩，飞锤离心力与怠速弹簧弹力相互作用。怠速转速升高，张力杠杆上端压缩怠速弹簧右移，供油量调节套筒左移，供油量减小；反之，相应零件运动方向相反	

续表

工况	工作过程	示意图
中高速	调速杠杆抵住高速螺钉，转速升高，飞锤离心力增大，调速套筒右移，同时推动起动、张力杠杆顺时针摆动，供油量调节套筒左移，供油量减小，转速不再升高。反之亦然	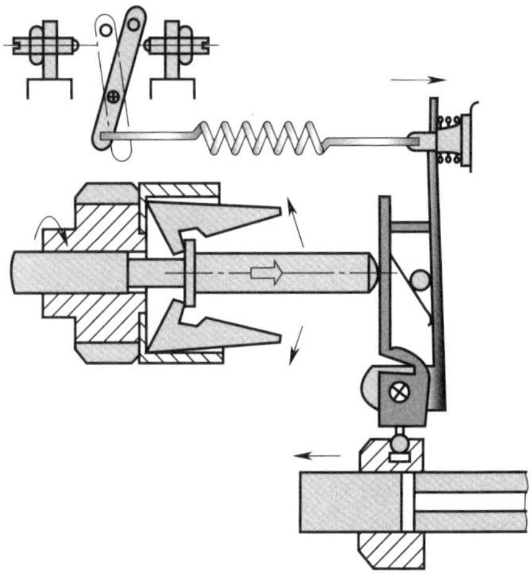
超速	在调速杠杆处于高速位置时，如果负荷突然减小，则转速迅速升高，此时飞锤离心力迅速增大，调速套筒右移，推动起动杠杆和张力杠杆顺时针移动，供油量调节套筒左移，供油量减小，防止柴油机超速	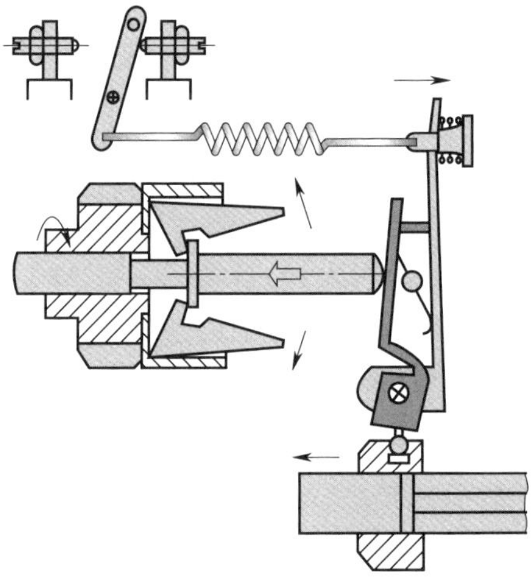

七、燃料供给系辅助装置

1. 柴油滤清器

（1）作用

柴油滤清器的作用是除去柴油中的机械杂质和水分。柴油在运输和储存的过程中，不可避免地混入尘土和水分，若储存较久后，还会增加胶质。所有这些杂质对燃料供给系精密偶件的危害极大，会导致运动阻滞，磨损加剧，造成各缸供油不均，功率下降和油耗增加。柴油机中的水分将引起零件的锈蚀。

（2）结构

柴油滤清器由滤清器盖、壳体、限压阀、放油螺塞和滤芯等组成，如图5-1-7所示。

滤清器盖上安装有进、出油口，有些还设计有回油口。柴油滤清器盖通过螺栓固定在柴油机上。柴油滤清器的滤芯多采用滤纸，也有采用毛毡或高分子材料的。

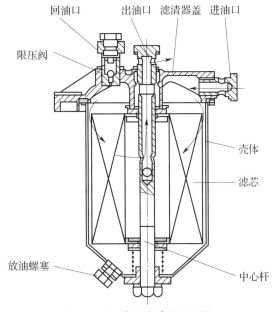

图 5-1-7　柴油滤清器的结构

（3）工作原理

柴油从进油口进入柴油滤清器，经过滤芯过滤后，从出油管接头输出给喷油泵。颗粒直径大于滤芯网眼的杂质，被挡在滤芯外侧，沉积在柴油滤清器下方；同时，如果柴油中含有水分，水的密度大于柴油，水也会沉积在柴油滤清器下方。因此，柴油中的较大颗粒的杂质和水不会从出油口流出来。

柴油滤清器按其滤清效果可分为粗滤器和细滤器两种，一般柴油机将两种滤清器串联来使用。

柴油滤清器的性能对精密偶件的磨损影响很大，使用中应定期对柴油滤清器进行维护。通常，滤芯发红为正常使用的结果，如滤芯发黑，则是由于油箱有污物或柴油低压油管内壁橡胶末污染柴油等原因造成的。

2. 输油泵

（1）作用

输油泵的作用是使柴油产生一定的压力克服柴油滤清器及低压油管的阻力，保证连续不断地向喷油泵输送足够的柴油，其输出的柴油量通常为柴油机全负荷时需要的最大喷油量的 3~4 倍。

（2）结构

输油泵的结构形式有活塞式、膜片式、齿轮式和叶片式等，其中活塞式输油泵应用广泛，其结构如图 5-1-8 所示。

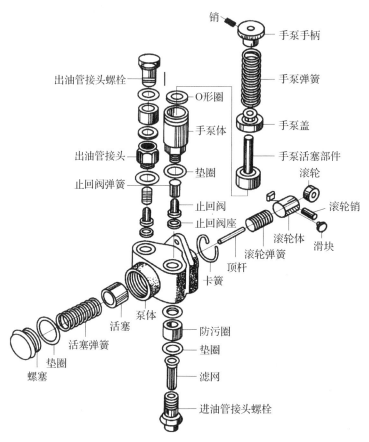

图 5-1-8 活塞式输油泵的结构

活塞式输油泵由泵体、机械油泵总成、手泵总成、止回阀总成和油道等组成。它安装在喷油泵的一侧，由喷油泵凸轮轴上的偏心轮驱动。

机械油泵总成由滚轮部件（滚轮销、滚轮体和滚轮）、顶杆、活塞和卡簧等组成。手泵总成由手泵体、手泵活塞部件、手泵手柄和手泵弹簧等组成。止回阀总成由进油阀、出油阀和弹簧等组成。

（3）工作原理

喷油泵凸轮轴转动时，轴上的偏心轮推动滚轮、挺柱、推杆和活塞向下运动，如图 5-1-9 所示。

1）当活塞被推压向下运动到下止点后，偏心轮继续偏转，活塞开始上行，下泵腔容积 A 增大，产生真空，进油阀开启，柴油经进油口进入下泵腔。同时，上泵腔容积 B 缩小，压力增大，出油阀关闭，上泵腔中的柴油经出油口被压出，流向柴油滤清器。

2）当偏心轮推动滚轮、挺柱和活塞向下运动，下泵腔容积 A 变小，柴油受挤压，压力增高，进油阀关闭，出油阀开启，此时，由于上泵腔容积 B 增大，柴油从下泵腔流入上泵腔。

3）如此反复，柴油便不断地被送入柴油滤清器。

4）当输油泵供油量大于喷油泵需要量时，或柴油滤清器阻力过大时，输出油路和上泵腔油压增高，若此时油压与活塞弹簧弹力相平衡，则活塞停止泵油。这样就实现了输油量和供油压力的自动调节。

5）当柴油机长时间停放后欲再启动时，有可能由于低压油路出现泄漏而产生气泡，柴油机不能立即启动。此时应先将柴油滤清器或喷油泵的放气螺钉拧松，直到可以让柴油从螺纹处渗出，再将手泵手柄旋开，往复抽按手泵。当往上抽时，带动活塞上行，下泵腔容积 A 变大，产生真空，进油阀开启，柴油经进油口进入下泵腔；当往下按压时，推动活塞下行，下泵腔容积 A 变小，油压增高，进油阀关闭，出油阀开启，低压油路的油量得到补充，管路中的空气便可以从放气螺钉处排除干净。拧紧放气螺钉，旋紧手泵手柄，方可启动发动机。

3. 油水分离器

为了除去燃油中的水分，在一些柴油机的燃油箱与输油泵之间要装设油水分离器。油水分离器的结构如图 5-1-10 所示，其由手压膜片泵、液面传感器和分离器盖等组成。

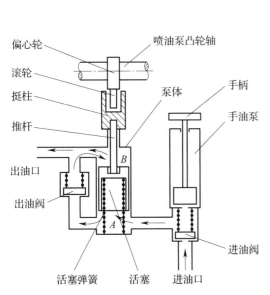

图 5-1-9　活塞式输油泵的工作原理

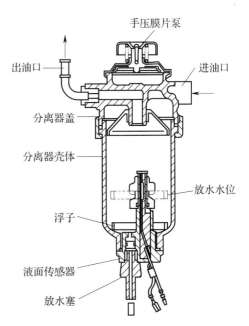

图 5-1-10　油水分离器的结构

来自燃油箱的燃油经进油口进入油水分离器，并经出油口流出。燃油中的水分从分离器中分离出来沉积在壳体的底部。浮子随着积水的增多而上浮，当浮子到达规定的放水水位时，液面传感器将接通电路，仪表盘上的报警灯发出放水信号，驾驶员应及时旋松放水塞放水。

八、柴油机增压与中冷技术

柴油机增压是在气缸容积不变的条件下，通过增压器提高进气压力，把低于 1 个大气压力下的自然进气过程变为 1 个以上至几个大气压力下的强制进气过程，从而提高每个工作循环进入气缸内的空气量；与此同时，相应地增加喷油量，就可以在基本结构变动不大的情况下，增大柴油机的扭矩和功率，并且由于混合气密度加大，燃烧得到改善，可以减小排气污染和降低油耗率。这种方法称为柴油机的强化，已被大功率车用柴油机广泛采用。

采用增压技术对于在高原地区条件下使用的柴油机有重要意义，因为高原地区气压低、空气稀薄，导致柴油机功率下降、油耗增加，装用增压器后，柴油机可以恢复功率、减小油耗。

下面介绍两种常见的增压方法。

1. 机械增压

机械增压系统如图 5-1-11 所示，增压器的转子是通过柴油机曲轴传动机构（齿轮、传动带、链条等）带动的。曲轴传动机构使柴油机结构复杂、体积增加。增压空气的能量全部取自柴油机输出的机械功，降低了柴油机的经济性。当增压压力提高到一定压力值时，消耗于驱动增压器的功率大于柴油机由于增压所提高的功率，柴油机的输出功率下降，使增压失去意义。这种增压系统制造较容易、成本低、运行范围较大，柴油机工况变化时响应性较好，在启动与低速时也能获得一定的进气压力。

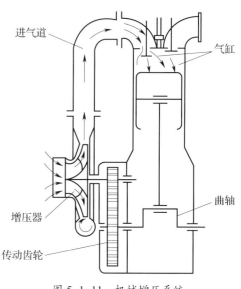

图 5-1-11　机械增压系统

2. 废气涡轮增压

废气涡轮增压主要由废气涡轮增压器完成。

（1）废气涡轮增压器的结构

废气涡轮增压器通常由压气机、涡轮机和中间壳三部分组成，如图 5-1-12 所示。

压气机部分由压气机叶轮、压气机壳和扩压管等组成单级离心式压气机；涡轮机部分由涡轮壳、涡轮、喷嘴环和涡轮端盖板等组成单级径流式涡轮机。压气机叶轮与涡轮安装在同一轴上构成转子组，并被支承在中间支承体两端的推力轴承上。中间支承体左端装有压气机壳，右端装有涡轮壳。

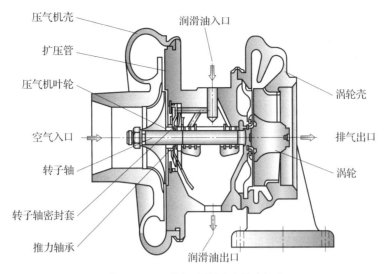

图 5-1-12　废气涡轮增压器的组成

（2）工作原理

如图 5-1-13 所示，将排气管接到增压器的涡轮壳上，柴油机排出的高温高压废气经排气管进入涡轮壳内的喷嘴环。喷嘴环的通过面积是逐渐收缩的，因此废气的压力和温度降低，但速度提高。高速废气流按一定的方向冲击涡轮，使涡轮高速运转。废气的压力和温度越高，速度越快，涡轮的转速就越快。这时，与涡轮安装在同一轴上的压气机叶轮，也以相同的速度高速运转，叶轮从空气滤清器吸入的新鲜空气甩向叶轮的外缘，使其速度和压力增加，并进入进口小、出口大的扩压器，气流的速度下降、压力升高，再通过断面由小到大的环形压气机壳，使空气压力继续升高。压缩的新鲜空气经柴油机进气管进入气缸与柴油混合燃烧，使柴油机功率提升。

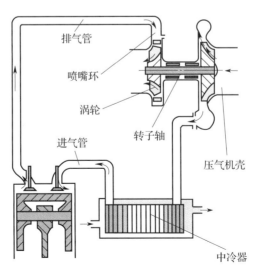

图 5-1-13　废气涡轮增压器的工作原理

（3）中间冷却器

废气涡轮增压系统排出的废气温度高达 800～1 000 K（527～727 ℃），使涡轮本体处于极高温状态，提高了流过进气涡轮端空气的温度。如果高温废气未经冷却就进入气缸中，很容易导致柴油机燃烧温度过高，发生爆震，使柴油机温度上升；同时，压缩空气也会因热膨胀而降低含氧量，导致降低增压效率，无法产生应有的动力输出。柴油机长期处于过热工作状态，也容易发生故障。因此，增压柴油机在压气机出口和柴油机进气管入口之间增设中冷器，使压缩后空气的温度下降，密度增大，如图 5-1-14 所示。

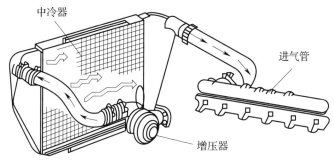

图 5-1-14　中冷器

中冷器利用管道将压缩空气通入散热器中，利用风扇提供的冷却空气强行冷却。中冷器可以安装在柴油机水箱的前面、旁边或者另外安装在一个独立的位置上，它的波形铝制散热片和管道与柴油机水箱结构相似，热传导效率高，起冷却增压空气、降低温度的作用。

增压中冷器可以使柴油机的热负荷降低，以及在机械负荷增加不多的前提下提高柴油机的功率，降低有害物的排放。

任务 2　机械式喷油器

学习目标

1. 能讲述机械式喷油器的作用、结构及工作原理。
2. 依据汽车维修操作要求，熟练、规范地完成机械式喷油器总成的拆卸。

　　3. 依据汽车维修操作要求，熟练、规范地完成机械式喷油器喷油压力的检测。

　　4. 依据汽车维修操作要求，熟练、规范地完成机械式喷油器喷雾质量的检测。

　　5. 依据汽车维修操作要求，熟练、规范地完成机械式喷油器密封性能的检测。

情境导入

　　某重型载货汽车功率下降、抖动，甚至无法启动。经检查，初步判定柴油中的水分或酸性物质使针阀生锈卡住，针阀密封锥面损坏后，气缸内可燃气体会进入配合面形成积炭，喷油器失去喷油功能，气缸停止工作。通过本任务的学习，能否了解机械式喷油器呢？

相关知识

一、机械式喷油器概述

1. 机械式喷油器的作用

　　机械式喷油器是柴油机燃料供给系统的重要部件之一，其作用是使燃油在一定的压力下，以雾状喷入燃烧室并合理分布，以便与空气混合形成最有利于燃烧的可燃混合气。

2. 机械式喷油器的类型及工作原理

　　根据柴油混合气的形成与燃烧要求，机械式喷油器应具有一定的喷射压力、射程以及合适的喷雾锥角，并在规定的喷油时刻，迅速切断柴油的供给，且无滴漏油现象。

　　柴油机机械式喷油器有孔式喷油器和轴针式喷油器两种，如图 5-2-1 所示。

　　（1）孔式喷油器

　　孔式喷油器的喷油孔数目多（一般为 1~8 个），喷油孔直径小（一般为 0.2~0.8 mm），喷油压力高（一般为 17~22 MPa），自洁能力差（喷油孔易积炭和堵塞），对柴油滤清质量要求高，适用于对喷雾质量要求较高的直接喷射式燃烧室。

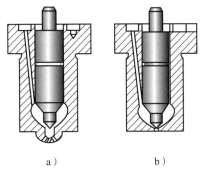

图 5-2-1　机械式喷油器的两种基本形式
a）孔式喷油器　b）轴针式喷油器

161

孔式喷油器主要由针阀、针阀体、顶杆、调压弹簧、进油管接头等组成，如图 5-2-2 所示。

针阀和针阀体是喷油器的主要部件，二者合称为针阀偶件，是由优质轴承钢制成的。针阀上部的圆柱表面与针阀体相应的内圆柱面为高精度的滑动配合，配合间隙为 0.001～0.004 mm。此间隙过大，则可能发生漏油使油压下降，影响喷雾质量；间隙过小，针阀将不能自由滑动。

喷油器工作时，由喷油泵输送来的高压柴油，经进油管接头进入喷油器，再经喷油器体上的进油孔进入针阀体中部的环形高压油腔（盛油槽）。油压作用在针阀的承压锥面上，对针阀形成一个向上的轴向推力，当此轴向推力大于调压弹簧的预紧压力及针阀偶件之间的摩擦力时，针阀立即上移，针阀下端密封锥面离开针阀体锥形环带，打开喷油孔，柴油即以高压喷入燃烧室中。喷油泵停止供油时，高压油道内压力迅速下降，针阀在调压弹簧作用下及时回位，喷油孔关闭。

图 5-2-2 所示调压弹簧、调压螺钉、顶杆及锁紧螺母等组成了调压装置。调压弹簧的弹力通过顶杆作用在针阀上，可通过调压螺钉改变调压弹簧的预紧力来调整喷油压力（有的采用调整垫片），拧入时压力增大，反之压力减小。

（2）轴针式喷油器

轴针式喷油器的工作原理与孔式喷油器相同，只是结构上有所不同。在针阀下端的密封锥面下延伸出一个伸出孔外的轴针，其形状是倒锥形或圆柱形，从而使喷油孔成为圆环状的狭缝，如图 5-2-3 所示。喷油时喷柱将呈空心的锥状或柱状。

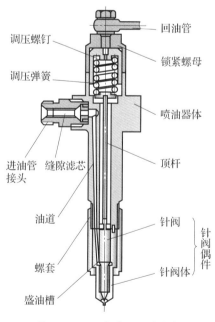

图 5-2-2 孔式喷油器的结构

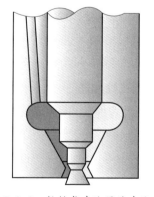

图 5-2-3 轴针式喷油器的喷油孔

轴针式喷油器的喷油孔直径相对较大（一般为 1～3 mm），喷油压力低（一般为 10～14 MPa），自洁能力强（喷油孔不易积炭和堵塞），喷油特性好（满足开始喷油少、中期喷油多、后期喷油少的要求），对柴油滤清质量要求低，它适用于对喷雾质量要求不高的涡流室式燃烧室和预燃室式燃烧室。例如，4125A4 型柴油机的喷油孔直径为 1.5 mm，喷油压力为 12.7 MPa。

轴针式喷油器又分为一般轴针式、节流轴针式和分流轴针式，如图 5-2-4 所示。采用节流轴针式喷油器的主要目的是减少着火滞后期内喷入燃烧室的燃油量，以降低柴油机的压力升高率和最高燃烧压力，减小柴油机的噪声，使其工作柔和。分流轴针式喷油器是在喷油孔旁设置一个副喷油孔，以改善柴油机的启动性能。

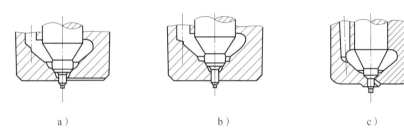

a）　　　　　　　　　　b）　　　　　　　　　　c）

图 5-2-4　轴针式喷油器的类型
a）一般轴针式　b）节流轴针式　c）分流轴针式

二、低惯量喷油器

孔式喷油器或轴针式喷油器的调压弹簧位于喷油器的上部，调压弹簧的位置与针阀距离较远，必须通过一根较长的顶杆把调压弹簧与针阀的运动联系起来，这就造成顶杆较长，质量较大，产生的惯性力也大。针阀关闭需要的时间越长，燃烧室的高温气体也越容易倒灌入喷油器偶件盛油槽的内部，引起积炭、烧损密封锥面等现象。为了克服上述结构的缺点，许多柴油机使用低惯量喷油器，如图 5-2-5 所示。

低惯量喷油器取消了运动件顶杆，改用一质量较小的弹簧下座，把调压弹簧下移到接近针阀的尾部。这种喷油器的结构降低了运动件的惯量，因此也称为低惯量喷油器。它的优点是可提高针阀开启速度和关闭速度，降低针阀落座时在密封锥面处的冲击应力，既能改善性能，又能提高使用寿命。但这种结构对针

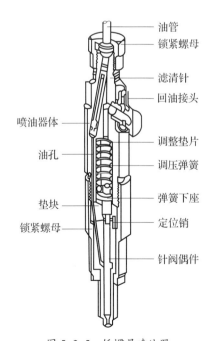

油管
锁紧螺母
滤清针
回油接头
喷油器体
油孔
调整垫片
调压弹簧
弹簧下座
垫块
锁紧螺母
定位销
针阀偶件

图 5-2-5　低惯量喷油器

阀开启压力的调整是通过改变垫片厚度实现的，因此，开启压力的调整不如一般喷油器所采用的调整螺钉方便，为保证足够的调整精度，一般采用 0.05 mm 厚度的垫片进行调整。

任务实施

机械式喷油器的拆装与检测

一、工具、设备与辅料

1. 工具：汽车维修通用工具、专用工具、零件车、压力表。
2. 设备：柴油机翻转架、喷油器手泵试验台。
3. 辅料：润滑油、润滑脂、棉纱等。

二、操作步骤

1. 机械式喷油器总成的拆卸见表 5-2-1。

表 5-2-1　　　　　　　　　　机械式喷油器总成的拆卸

（1）用呆扳手和活动扳手相配合将高压油管接头的螺母旋松	
（2）拆下高压油管的固定夹	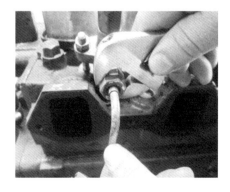

（3）拆下高压油管

注意：在拆卸高压油管时，需在高压油管接头处垫一块干净的棉纱，将油管内的油压释放，防止燃油飞溅

（4）拆下机械式喷油器回油管螺钉

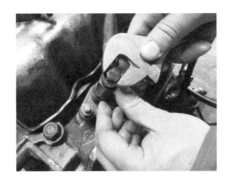

（5）拆下机械式喷油器两端的固定螺母，注意拧紧力矩不要过大

（6）用锤子敲击机械式喷油器，取出总成，视需要可用专用拉拔器拉出

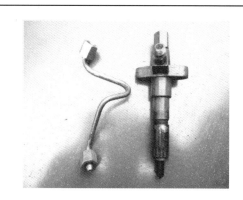

（7）从柴油机上拆下机械式喷油器总成后，应先清洗外部，然后逐一在喷油器手泵试验台上进行检验，如质量良好就不必解体

（8）装配顺序与拆卸顺序相反

2. 机械式喷油器喷油压力的检测见表5-2-2。

表 5-2-2　　　　　　　　　机械式喷油器喷油压力的检测

（1）准备好喷油器手泵试验台，将手泵杆与压力表连接到位

（2）将油管一侧与喷油器手泵试验台连接。连接油管时，拧紧力矩不要过大，防止油管及压力表接头处损坏

（3）油管另一侧连接喷油器

（4）连续、快速（大约60次/min）压动喷油器手泵试验台上的泵油手柄，并注意观察喷油器开启或喷油时的压力。将检测到的喷油器喷油压力与柴油机的规定值进行比较。喷油压力较低时，必须更换或解体修理喷油器

（5）调整喷油器压力，可先拧下锁紧螺母，然后转动调压螺钉进行调整

3. 机械式喷油器喷雾质量的检测见表 5-2-3。

表 5-2-3　　　　　　　　　　机械式喷油器喷雾质量的检测

（1）在喷油器手泵试验台上，按规定喷油压力以 60～80 次 /min 的频率压动泵油手柄，使喷油器喷油	
（2）检查喷油器在规定压力下，能否把柴油喷射为细小、均匀的雾状油束，不允许有滴油和飞溅。喷油开始和终了时应有明显的清脆爆裂声，油束方向锥角与喷油器轴线成 15°～20°	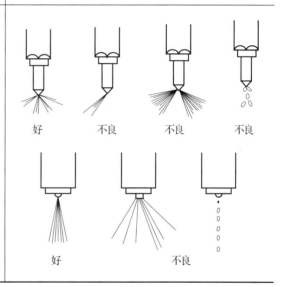

4. 机械式喷油器密封性能的检测见表 5-2-4。

表 5-2-4　　　　　　　　　　机械式喷油器密封性能的检测

（1）转动调整螺钉，调整喷油器喷油压力至 19.6 MPa，测量油压下降 2 MPa 所需的时间，要求大于 9 s，否则说明针阀与针阀体圆柱面配合间隙过大	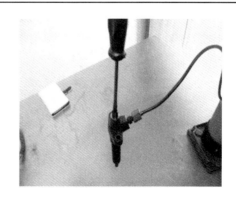

续表

（2）转动喷油器调压螺钉，并连续压动泵油手柄，将喷油压力调整到比规定的标定喷油压力低 2 MPa，喷油器在 10 s 内不能有渗油或滴油现象，否则说明针阀与针阀体密封锥面密封不良	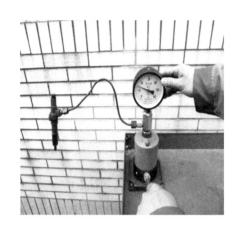

任务 3　柱塞式喷油泵

学习目标

1. 能讲述柱塞式喷油泵的结构及工作原理。
2. 能讲述联轴器及供油提前角调节装置的作用、结构及工作原理。
3. 依据汽车维修操作要求，熟练、规范地完成柱塞式喷油泵的拆卸与装配。

情境导入

　　某重型载货汽车在热车时无法启动，冷车时能正常启动。经检查，起动设备、蓄电池容量充足且性能良好，进一步拆检时发现，喷油泵柱塞偶件严重磨损。喷油泵柱塞偶件严重磨损后，冷车时由于柴油的黏度较大，泄漏较少，喷油泵压出的柴油尚能满足启动需要，柴油机能正常启动；热车时由于喷油泵及燃油滤清器的温度较高，柴油变稀，启动转速又低，大部分柴油从磨损处泄漏，造成油量不足，柴油机无法启动。通过本任务的学习，能否了解柱塞式喷油泵呢？

相关知识

喷油泵的主要作用是将燃油由低压变成高压，并根据柴油机工作过程的要求，根据调速器的调节，定时、定量地通过喷油器以一定的压力向燃烧室内输送燃油。

喷油泵的结构形式有很多，常见的喷油泵可分为柱塞式喷油泵、喷油泵－喷油器和转子式喷油泵。柱塞式喷油泵性能好，使用可靠，仅少量特殊场合或农用、工程机械使用柱塞式喷油泵。喷油泵－喷油器的特点是将喷油泵和喷油器合成一体，直接安装在气缸盖上，以消除高压油管带来的不利影响，缺点是要求在柴油机上另加驱动机构。转子式喷油泵是依靠转子的转动实现燃油的增压（泵油）及分配，它具有体积小、质量小、成本低、使用方便等优点，对柴油机和汽车的整体布置是十分有利的。

一、柱塞式喷油泵的结构及工作原理

柱塞式喷油泵主要由分泵、油量调节机构、驱动机构和泵体四部分组成。

1. 分泵

分泵是带有一副柱塞偶件的泵油机构，如图 5-3-1 所示。同一喷油泵上各个分泵的结构和尺寸完全相同，其数量和柴油机气缸数一致。分泵泵油机构包括柱塞偶件（柱塞套、柱塞），柱塞弹簧，弹簧上、下支座和出油阀偶件（出油阀、出油阀座）、出油阀弹簧等零件。

在分泵中，柱塞偶件和出油阀偶件是两个极其重要的偶件，如图 5-3-2 所示。

（1）柱塞偶件

柱塞和柱塞套是一对精密偶件，经配对研磨后不能互换，要求有很高的精度和很小的表面粗糙度以及耐磨性。

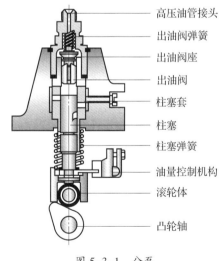

高压油管接头
出油阀弹簧
出油阀座
出油阀
柱塞套
柱塞
柱塞弹簧
油量控制机构
滚轮体
凸轮轴

图 5-3-1　分泵

柱塞头部圆柱面上切有斜槽（或螺旋槽），并通过径向孔、轴向孔与顶部相通，其目的是改变循环供油量；柱塞套上制有进、回油孔，均与泵上体内低压油腔相通，柱塞套装入泵上体后，用定位螺钉定位。柱塞头部斜槽的位置不同，改变供油量的方法也不同。

泵油过程如图 5-3-3 所示。

1）进油。当柱塞下行时，泵腔内的容积增大，产生真空，柴油被吸入泵腔内。

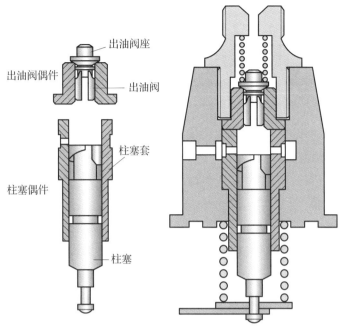

图 5-3-2　柱塞偶件和出油阀偶件

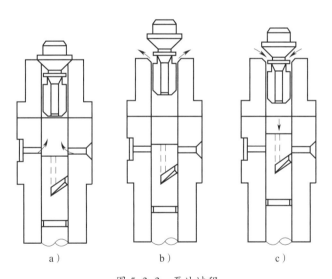

图 5-3-3　泵油过程
a）进油　b）供油　c）停油

2）供油。当柱塞上行时，泵腔中的一部分燃油被挤回泵体油道。当柱塞顶平面将进油孔封闭时，随着柱塞继续上行，燃油压力急剧升高。当其压力大于出油阀弹簧压力与高压油管中残余油压之和时，出油阀便被顶离阀座，高压柴油经出油阀向高压油管、喷油器供油。

3）停油。柱塞继续上行至其斜槽与柱塞套的回油孔相通时，柱塞顶部的高压油便经柱塞的中心油道流回泵体低压油腔。由于柱塞顶部油压急剧下降，在出油阀弹簧作用下，出油阀迅速落座，供油过程结束。此后柱塞虽然继续上行到上止点，但并不能向高压油管供油。

柱塞由其下止点移动到上止点所经过的距离称为柱塞行程，也就是喷油泵凸轮的最大升程。由上述泵油过程可知，喷油泵并不是在整个柱塞行程内都供油，只是在柱塞顶面封闭柱塞套进油孔到柱塞斜槽打开柱塞套进油孔这段柱塞行程内供油，这段柱塞行程称为柱塞有效行程。显然，柱塞有效行程越大，供油的持续时间越长，喷油泵每一次的泵油量即循环供油量越多。

改变柱塞有效行程，需将柱塞相对柱塞套偏转过一个角度即可，通常由供油量调节机构来实施这个动作。

（2）出油阀偶件

出油阀和出油阀座也是一对精密偶件，配对研磨后不能互换。

出油阀是一个单向阀，在弹簧压力作用下，阀上部圆锥面与出油阀座严密配合，其作用是在停止供油时，将高压油管与柱塞上端空腔隔绝，防止高压油管内的油倒流入喷油泵内。

出油阀的下部呈十字断面，既能导向，又能通过柴油。出油阀的锥面下有一个小的圆柱面，称为减压环带，其作用是在供油终了时，使高压油管内的油压迅速下降，避免喷油孔处产生滴油现象。当减压环带落入阀座内时，使出油阀上方容积很快增大，压力迅速减小，迅速停止喷油。

2. 油量调节机构

常见的喷油泵油量调节机构有齿条式（也称齿杆式）油量调节机构、拨叉式油量调节机构、球销式油量调节机构，如图5-3-4所示。

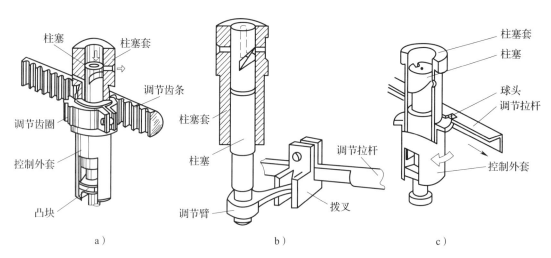

图5-3-4　喷油泵油量调节机构

a）齿条式油量调节机构　b）拨叉式油量调节机构　c）球销式油量调节机构

（1）齿条式油量调节机构

如图 5-3-4a 所示，齿条式油量调节机构在柱塞套的外面套着一个控制外套，控制外套的下部开有一个切口，柱塞下部的凸块滑配在其中。控制外套通过调节齿圈与调节齿条相啮合。组合油泵的调节齿圈是夹箍形的，它用螺钉紧固在控制外套上。当调速器移动调节齿条时，调节齿圈通过控制外套同时旋转各柱塞来改变供油量。如果需要对某缸油量进行单调，可单独松开某分泵调节齿圈的紧固螺钉，将控制外套连同柱塞相对于齿圈转动一个角度，然后再旋紧螺钉即可。

齿条式油量调节机构的优点是传动平稳、工作可靠，但结构复杂、制造困难。如果调节齿圈与齿条的啮合间隙过大，或各缸间隙大小不一，将影响油量调节的精度、灵敏性和各缸供油的均匀性。

（2）拨叉式油量调节机构

拨叉式油量调节机构的柱塞下端调节臂的球面端头插入拨叉内，拨叉用螺钉紧固在调节拉杆上，移动调节拉杆就可以转动各缸柱塞，改变各缸供油量。如果需要对某缸油量进行单调，可松开拨叉上的紧固螺钉，按需要在调节拉杆上移动一个距离，柱塞就在柱塞套中转动一个角度，然后紧固拨叉上的螺钉。

拨叉式油量调节机构结构紧凑，制造和维护都较容易。

（3）球销式油量调节机构

球销式油量调节机构的柱塞下部凸块嵌入控制外套的槽内，控制外套上凸缘装有球头，它装在调节拉杆的切口里。当拉动调节拉杆时，通过球头的控制外套带动柱塞转动进行油量调节。

3. 驱动机构

喷油泵的驱动机构由凸轮轴和滚轮体部件等组成。

（1）凸轮轴

凸轮轴的作用是传递动力。凸轮轴转动时，推动滚轮体使柱塞上行，位于柱塞上部的燃油压力升高，保证喷油泵各缸按一定的着火顺序和规律供油。凸轮轴上的凸轮数与气缸数相同，凸轮排列顺序与柴油机的工作顺序相同，相邻两工作缸凸轮之间的夹角称为供油间隔角，四缸柴油机的供油间隔角为 90°，六缸柴油机的供油间隔角为 60°。

（2）滚轮体部件

滚轮体部件的作用是把凸轮轴的旋转运动转换成自身的直线运动，并推动柱塞上下往复运动。改变滚轮体的工作高度可调整各个分泵的供油提前角和供油间隔角，对供油规律的变化起着重要作用。滚轮体分为调整垫块（或垫片）式或调整螺钉式两种。

1）调整垫块式滚轮体。如图 5-3-5 所示，带有滑动配合衬套的滚轮套在滚轮轴上，滚轮轴套在滚轮架的座孔中，由于它们之间都有相对运动，从而可减轻磨损。

滚轮在泵体导孔中上下往复运动时，要求其不能转动，否则就会和凸轮相互卡死而造成损坏。因此，对滚轮要有导向定位措施，定位的方法有三种：一是在滚轮圆柱面上开轴向长槽，将定位螺钉的端头插入此槽中；二是利用加长的滚轮轴使其一端插入泵体导向孔一侧的滑槽中；三是在滚轮上安装键，插入壳体导向孔滑槽中。

调整垫块安装在滚轮架的座孔中，其上端面到滚轮的距离 h 称为滚轮的工作高度。调整垫块的厚度增加，可使 h 值增加，供油提前角增大；反之减小。

2）调整螺钉式滚轮体。如图 5-3-6 所示，其特点是在滚轮架上端装有工作高度可调的调整螺钉。拧松调整螺钉，h 值增大，供油提前角增大；反之减小。但注意调整后应及时锁紧。

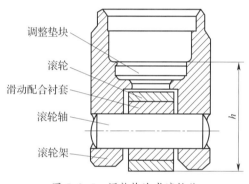

图 5-3-5　调整垫块式滚轮体

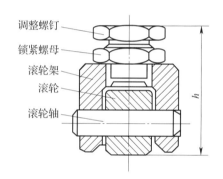

图 5-3-6　调整螺钉式滚轮体

4. 泵体

泵体是喷油泵的基础零件，泵油机构、驱动机构等都安装在喷油泵泵体上，它在工作中承受较大的作用力，如图 5-3-7 所示。因此，泵体应有足够的强度、刚度和良好的密封性，此外还应便于拆装、调整和维修。

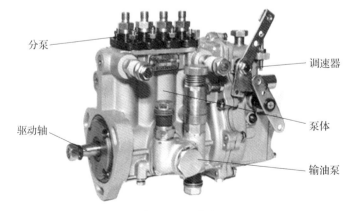

图 5-3-7　泵体

二、联轴器及供油提前角调节装置

1. 联轴器

联轴器不仅可以用来连接两轴、传递动力、补偿因安装而造成的两轴间的同轴度偏差，而且还能在安装两轴时，在小角度范围内调整喷油泵的供油正时。

喷油泵正时齿轮由曲轴前端的正时齿轮经中间传动齿轮驱动。这一组齿轮上刻有正时啮合标记，必须按标记装配才能保证喷油泵供油正时。

2. 供油提前角调节装置

供油提前角是指喷油泵正确的供油时间，供油提前角对柴油机性能影响很大。

（1）作用

供油提前角过大或过小均会使柴油机的动力性和经济性恶化，为了保证柴油机有良好的使用性能，必须在最佳供油提前角下工作。当转速和供油量一定时，能获得最大功率和最小燃油消耗率的供油时刻，称为最佳供油提前角。最佳供油提前角随柴油机转速和负荷的变化而变化，转速越高，负荷越大，最佳供油提前角也越大。

供油提前角调节装置的作用就是根据柴油机转速的变化自动调节供油提前角，以改善柴油机的动力性和经济性。应用较广的是机械离心式供油提前角调节装置。

（2）结构

供油提前角调节装置通常安装在联轴器与喷油泵之间，由主动部分和从动部分组成，机械离心式供油提前角调节装置的结构如图5-3-8所示。主动部分为有两个矩形凸块的传动盘，传动盘腹板上压装着两个驱动销，凸块插入联轴器相对应的凹槽中，随着联轴器一起旋转。从动部分主要由从动盘和两对称离心飞块组成，从动盘中心有轴孔，用键和紧固螺栓与喷油泵凸轮轴连成一体，从动盘上固定有两个对称的飞块销钉，离心飞块套在飞块销钉上。主、从动部分之间安装有调节弹簧。

（3）工作原理

如图5-3-9所示，当柴油机工作时，驱动盘连同离心飞块受曲轴的驱动而转动，两个离心飞块的活动端向外甩出，迫使从动盘沿旋转方向转动一个角度，直到调速器的弹力与飞块惯性力平衡为止，此时驱动盘与从动盘同步旋转。当转速升高时，飞块活动端便进一步向外甩出，从动盘被迫再相对于驱动盘前进一个角度，到弹簧弹力足以平衡新的惯性力为止，供油提前角便相应地增大。反之，当柴油机转速降低时，供油提前角则相应减小。

3. 供油提前角的检查与调整

柴油机在维修油泵后重新安装或在使用期间出现启动困难，应检查供油提前角是否正确。

（1）供油提前角标记的检查

柴油机供油提前角的标记是以第一缸活塞达到压缩上止点前供油提前角位置的标

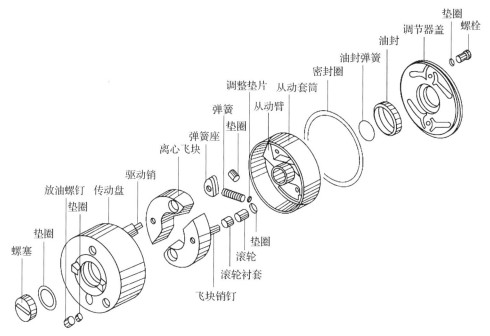

图 5-3-8 机械离心式供油提前角调节装置的结构

记。为了便于调整供油提前角，一般在柴油机和喷油泵上都有供油正时的标记。柴油机上的供油提前角的标记多数设置在飞轮上，其刻线与壳体指针对齐或曲轴带轮上刻线与前盖上的指针对齐。有的喷油泵供油开始标记在联轴器或供油提前器上，一般泵壳上刻线与联轴器或供油提前器上的刻线对齐。

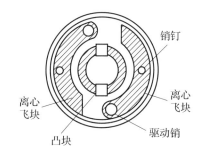

图 5-3-9 供油提前角调节装置工作原理图

（2）供油时间的检查

1）按柴油机的旋转方向转动曲轴到第一缸压缩上止点前，飞轮或带轮上的供油提前角刻线与固定标记对准后，停止转动。检查喷油泵供油开始标记两刻线是否对正，若两刻线对正，说明供油提前角是准确的；若供油提前器或联轴器上的刻线未达到壳体上的刻线位置，说明供油时间晚；若供油提前器或联轴器上记号已越过壳体上的刻线位置，说明供油时间早。

2）当喷油泵供油开始标记没有出现时，应拆下第一缸高压油管，按柴油机的旋转方向转动曲轴，同时观察第一缸出油阀紧座出口。当油面刚刚上升时，停止转动，检查飞轮或带轮上的供油提前角是否正确。

（3）供油提前角的调整

按柴油机的旋转方向转动柴油机曲轴到第一缸压缩上止点前，飞轮及带轮上的供油提前角刻线与固定标记对准后，停止转动，然后对供油提前角进行调整。

1）转动喷油泵泵体调整供油提前角。以三角形固定板与机体连接的喷油泵为例。松开三角形固定板上的螺栓，泵体沿泵轴旋转方向转动到弧形长孔一侧，在将泵体慢慢沿泵轴旋转反方向转动的同时，观察第一缸出油阀紧座出口处，油面刚刚上升即停止转动，拧紧三角形固定板上的螺栓即可。

2）改变联轴器相对位置调整供油提前角。以联轴器驱动的喷油泵为例，联轴器是用两个连接螺母和主动凸缘盘结合的。松开连接螺栓，主动盘就可以带动喷油泵凸轮轴相对于主动凸缘盘转动一个角度。主动盘上的零刻线对准主动凸缘盘或钢片上的定时刻线即可。如果没有标记，将喷油泵凸轮轴反转到主动盘弧形槽限制后为止，再正向缓慢转动凸轮轴，同时观察第一缸出油阀紧座出口外的油面，稍有上升即停止转动，并将连接螺栓紧固。

调整后，应按供油时间的检查方法再检查一次，如不符合要求，应重新调整。

任务实施

柱塞式喷油泵的拆解与装配

一、工具、设备与辅料

1. 工具：汽车维修通用工具、专用工具、零件车。

2. 设备：柴油机翻转架。

3. 辅料：润滑油、润滑脂、棉纱等。

二、操作步骤

柱塞式喷油泵的拆解与装配见表 5-3-1。

表 5-3-1   柱塞式喷油泵的拆解与装配

操作说明	图示
（1）用手将空气滤清器下端的固定卡环拆下，拆下柴油机空气滤清器	

续表

（2）拔下曲轴箱强制通风软管	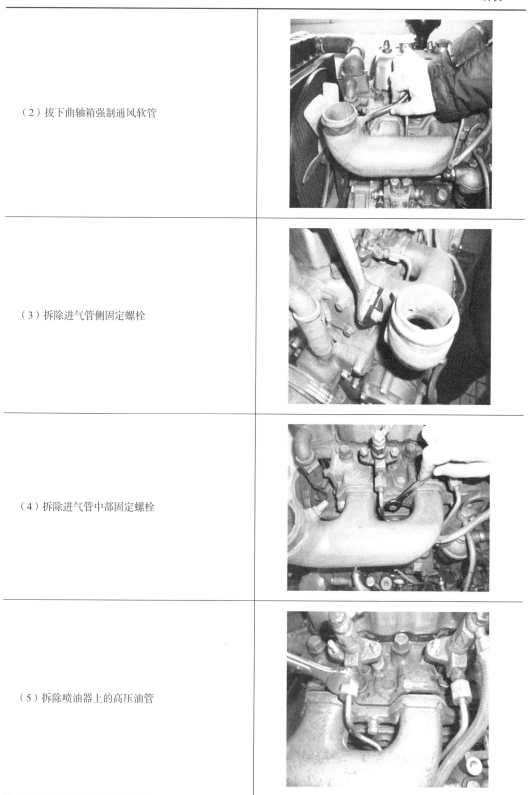
（3）拆除进气管侧固定螺栓	
（4）拆除进气管中部固定螺栓	
（5）拆除喷油器上的高压油管	

续表

（6）拆除喷油泵上的高压油管	
（7）拆卸进气歧管 注意：进气歧管表面的密封垫不要被螺栓的螺纹刮坏	
（8）拆下回油管的固定螺栓	
（9）拆下柴油滤清器上端油管螺栓	

（10）拆下回油管	
（11）拆下柴油滤清器左右两端的固定螺栓	
（12）拆下柴油滤清器与机体上的连接螺栓	
（13）取下柴油滤清器	

（14）拆下喷油泵上端油管	
（15）将喷油泵注油口密封盖拔下，并对注油口密封盖进行清洁	
（16）拆下喷油泵外壳固定螺栓	
（17）拆下喷油泵外壳，并将外壳光滑面朝上放置，防止其表面损坏	

（18）将机体外壳上的 13 个固定螺栓拆下	
（19）取下机体外壳及密封垫	
（20）用套筒拆卸齿轮固定螺栓	
（21）将喷油泵正时齿轮拆下	

续表

（22）用专用工具将喷油泵中心紧固螺栓拆下	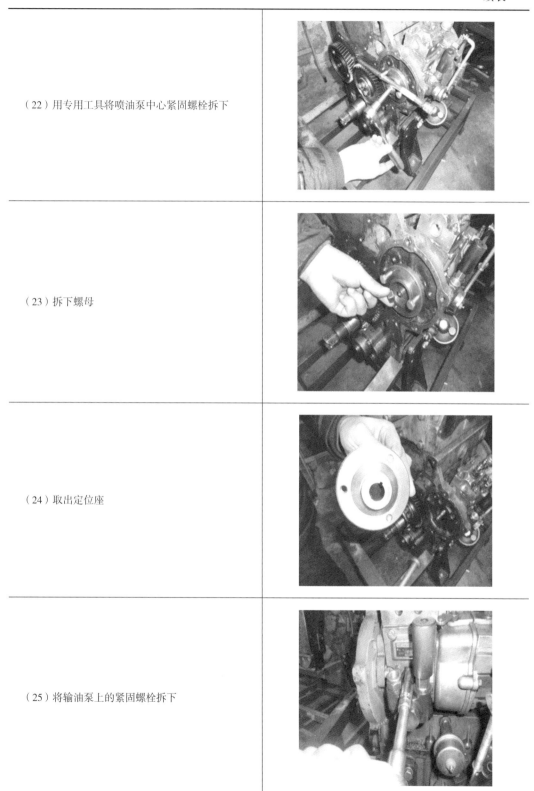
（23）拆下螺母	
（24）取出定位座	
（25）将输油泵上的紧固螺栓拆下	

（26）将输油泵从机体上分离	
（27）将泵体与机体上的第一颗固定螺栓拆下	
（28）用加长套筒工具将泵体下端螺栓拆下	
（29）用合适的加长套筒拆卸位于机体内部的喷油泵第三颗固定螺栓	

（30）拆下泵体与托架的固定螺栓，从柴油机上取下喷油泵总成	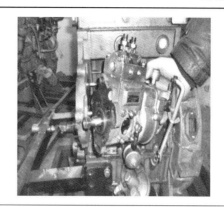
（31）取下喷油泵固定底板上的螺栓	
（32）拆下固定底板密封垫	
（33）喷油泵总成拆解完成	

（34）装配顺序与安装顺序相反

任务 4　柴油机进、排气系统

学习目标

1. 能讲述进气系统的结构。
2. 能讲述排气系统的结构。
3. 能讲述排气消声器的结构及工作原理。

情境导入

某重型载货汽车动力严重不足，连接故障诊断仪发现无任何故障代码。进一步检查，读取数据流发现柴油机处于烟度限制状态，空气滤清器清洁，气路无堵塞、吸瘪，检查排气制动蝶阀，发现其卡滞无法自动复位，导致排气压力急剧升高，柴油机功率不足，需要更换排气制动蝶阀。通过本任务的学习，能否了解柴油机进、排气系统呢？

相关知识

柴油机进、排气系统的作用是在发动机工作循环时，不断地将新鲜空气送入燃烧室，然后将燃烧后的废气排到大气中，保证柴油机连续运转，其组成如图 5-4-1 所示。

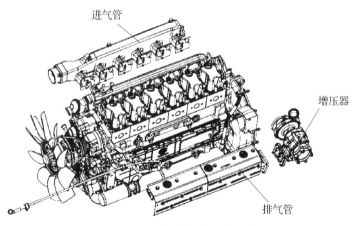

图 5-4-1　进、排气系统的组成

柴油机的进气系统主要由空气滤清器、进气歧管等组成；排气系统主要由排气歧管、排气消声器等组成。

一、进气系统的结构

1. 空气滤清器

空气滤清器的作用是把进入柴油机空气中的灰尘和异物等杂质过滤掉，从而保证进入气缸内的空气清洁，减少对气缸、活塞、活塞环、气门和气门座等零件的磨损。

空气滤清器一般由进气导流管、空气滤清器外壳和滤芯等组成，一般安装在进气管的上方。为了降低柴油机的高度，有的空气滤清器安装在更合理的位置，中间用软管或金属管相连。

为了增强柴油机的谐振进气效果，空气滤清器进气导流管需要有较大的容积，但是导流管不能太粗，以保证空气在进气导流管内有一定的流速。因此，进气导流管只能做得很长，如图 5-4-2 所示，较长的进气导流管有利于实现从车外吸气。车外空气温度一般比柴油机舱盖下的温度低约 30 ℃，因此从车外吸入的空气密度可增加约 10%，燃油消耗率可降低 3%。

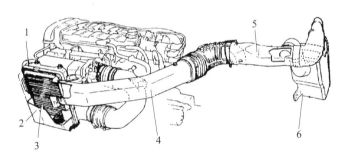

图 5-4-2　进气导流管

1—空气滤清器外壳　2—空气滤清器盖　3—滤芯　4—后进气导流管　5—前进气导流管　6—谐振室

空气滤清器应具有长期、稳定、高效率的滤清能力，而且气流阻力小、维护周期长，维护、修理操作方便。此外，还要求其尺寸小、质量小、结构简单、制造成本低。柴油机上的空气滤清器有多种形式。

（1）干式纸质空气滤清器

干式纸质空气滤清器的结构如图 5-4-3 所示，它由滤清器盖、外壳和纸质滤芯等组成。干式纸质滤芯空气滤清器有质量小、成本低和滤清效果好等优点。

（2）油浴离心式空气滤清器

油浴离心式空气滤清器的结构如图 5-4-4 所示，其滤芯由金属丝或毛毡等纤维材料制成，在滤芯壳体内装入适量的润滑油。这种滤清器的特点是空气从进口进入，通过中

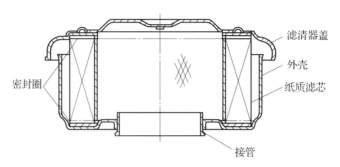

图 5-4-3　干式纸质空气滤清器的结构

间进气管向下，然后转向流动，由于惯性作用使一部分灰尘落入油池中被润滑油黏附，再经滤芯将残余灰尘去除。

（3）湿式纸质空气滤清器

湿式纸质空气滤清器是把纸质滤芯放在特殊的油中浸渍处理，使其具有很强的吸附空气中杂质的能力，该滤清器是一种新型高效滤清器，能将空气中直径为 $6.6 \sim 6.8\ \mu m$ 的灰尘滤掉 98% 以上，滤纸上加工出许多细小的皱褶，使其过滤面积增大，又可降低空气流通阻力。

（4）双级复合式空气滤清器

在许多自卸车或矿山用汽车上使用离心式与纸质滤芯式相结合的双级复合式空气滤清器。双级复合式空气滤清器的过滤能力更强，适用于工作环境较差的场合使用。

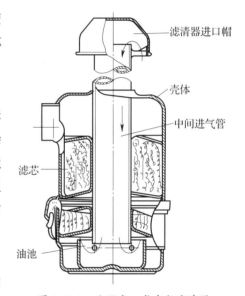

图 5-4-4　油浴离心式空气滤清器

2. 进气歧管

进气歧管是指与气缸盖进气道连接的进气管路。对于柴油机来说，它的作用是将洁净的空气分配到各缸进气道。进气歧管必须将洁净空气尽可能均匀地分配到各个气缸，为此进气歧管内气体流道的长度应尽可能相等。为了减小气体流动阻力、提高进气能力，进气歧管内壁应光滑。

进气歧管一般由合金铸铁制造，铝合金进气歧管质量小、导热性好。也有采用复合塑料进气歧管的发动机，这种进气歧管质量极小、内壁光滑、无需加工。

二、排气系统的结构

排气系统的作用是在尽可能低的排气流动阻力下，排出尽量少的有害物质并降低排气噪声。柴油机排气系统由排气歧管、排气管和排气消声器等组成。

1. 排气歧管

为使各缸排气不相互干扰及不出现排气倒流现象，并尽可能地利用惯性排气，排气歧管应做得尽可能长，且各缸支管应相互独立、长度相等。图 5-4-5 所示为不锈钢排气歧管，各个支管长度长且相互独立，一、四缸排气歧管汇合在一起，可以消除排气干扰现象。

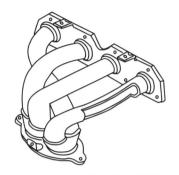

图 5-4-5　不锈钢排气歧管

2. 排气消声器

废气在排气管中流动时，因排气门的开闭与活塞往复运动的影响，气流呈脉动形式。当排气门刚打开时，气体压力为 0.4 MPa，具有一定的能量，且废气的温度超过 1 000 ℃。如果让废气直接排入大气，会产生强烈的排气噪声，为减小噪声和消除废气中的火焰及火星，在排气管出口处装有排气消声器。

排气消声器的作用是消减排气噪声，通过逐渐降低排气压力和衰减排气压力的脉动，使排气能量耗尽。

对排气消声器的要求是消声性能好，一般应降低 10～15 dB 以上排气噪声；排气阻力低，一般应不大于 15 kPa；装上排气消声器后，柴油机的功率损失一般不宜超过 4%。

排气消声器的基本原理是消耗废气流的能量，平衡废气流的压力波动，一般可采用以下几种方法：多次改变气流方向；使气流重复通过收缩、扩张的断面；将气流分割为许多小支流并沿着不平滑的平面流动；将气流冷却。

典型排气消声器的构造如图 5-4-6 所示。排气消声器外壳用薄钢板制成，消声器两端各有一个入口和出口，中间用隔板将其分割成几个尺寸不同的消声室，各消声室间由带小孔的管连接。废气进入多孔管和消声室后膨胀冷却，受到反射后，又多次与消声器内壁碰撞消耗能量，使其压力降低、振动减轻，最后从多孔管排到大气，噪声显著减小。

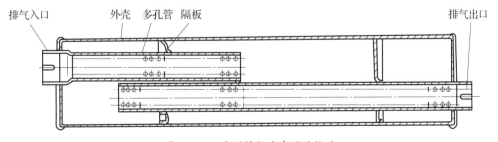

图 5-4-6　典型排气消声器的构造

项目六

—— 起动系

任务　起动系概述

学习目标

1. 能讲述直流串励式电动机的结构及工作原理。
2. 能讲述电磁式控制装置的结构及工作原理。
3. 能讲述有起动继电器的控制电路的工作原理。
4. 依据汽车维修操作要求，熟练、规范地完成起动系的维护。
5. 依据汽车维修操作要求，熟练、规范地完成起动机的分解。
6. 依据汽车维修操作要求，熟练、规范地完成起动机的检测。

情境导入

　　某重型载货汽车，按下起动按钮后，起动机只空转，不能带动柴油机运转。经检查，初步判定是起动机单向离合器齿轮磨损过度。通过本任务的学习，能否了解起动系的结构及工作原理呢？

相关知识

一、起动系的作用

　　柴油机起动系是柴油机为完成启动过程而设置的系统，作用是利用外力（电力或人力）带动柴油机的曲轴旋转，以完成自行运转的准备，并在柴油机顺利启动后退出启动状态，如图 6-1-1 所示。

汽车用柴油机的起动系多为电起动系，电起动系主要由起动机和起动机控制电路组成。为了保证起动机安全、可靠地工作，避免在柴油机正常运转时起动机再次投入工作和启动后能迅速停止工作，一些起动机控制电路中还采取了相应的保护措施。

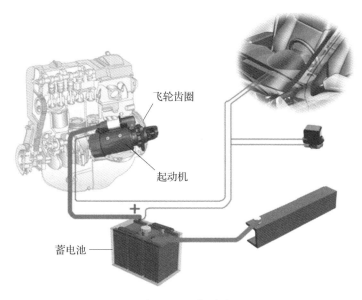

图 6-1-1 起动系

二、柴油机辅助起动

低气温启动柴油机时，由于润滑油黏度增高，会造成启动阻力增大，同时燃料不易蒸发，蓄电池内阻增加，启动困难。因此，在冬季启动时可以预热润滑油或冷却液。辅助起动装置有电热塞、进气预热装置、起动减压装置、起动液喷射装置等。

1. 电热塞

分隔式燃烧室的柴油机燃烧室表面积大，在压缩行程中的热量损失较直接喷射式燃烧室大，启动就更为困难。为此，在分隔式燃烧室中安装电热塞，在启动时对燃烧室内的可燃混合气加以预热，以改善启动性能。电热塞的结构如图 6-1-2 所示。

柴油机启动前应首先接通各缸电热塞的电路，电阻丝通电后迅速将发热体钢套加热到红热状态，使气缸内的可燃混合气温度升高。启动后，应将电热塞断电。若启动失败，应停歇 1 min 后再进行第二次启动，否则将降低电热塞的使用寿命。

2. 进气预热装置

图 6-1-3 所示为中小功率柴油机冷起动预热装置的进气预热器的结构。启动柴油机时，接通进气预热器开关后，电热丝通电温度升高并将阀体加热。阀体受热伸长带动阀芯

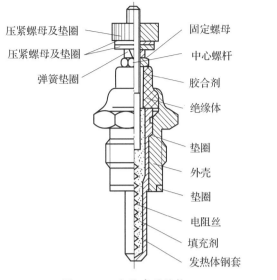

图 6-1-2　电热塞的结构

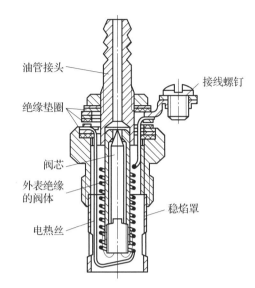

图 6-1-3　进气预热器的结构

下移，使其锥形端离开进油孔。燃油流入阀体内腔受热汽化，从阀体内腔喷出，并被炽热的电阻丝点燃成火焰，喷入进气管道内，使进气得到预热。切断预热开关，电热丝断电，阀体温度降低而收缩，阀芯上移使其锥形端堵住进油孔，火焰熄灭停止预热。

3. 起动减压装置

图 6-1-4 所示为起动减压装置。起动减压装置用降低起动转矩、提高起动转速的方法来改善柴油机的起动性能。

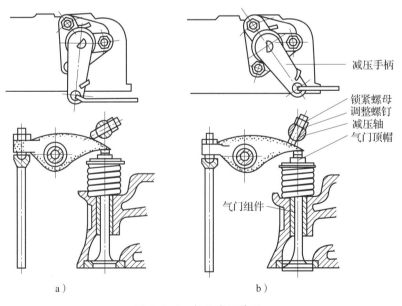

a ）　　　　　　　　　　　b ）

图 6-1-4　起动减压装置

a ）非减压位置　　b ）减压位置

启动柴油机时，将减压手柄扳到减压位置，使调整螺钉转动，并微微顶开气门（气门一般压下 1 ~ 1.25 mm），以降低压缩行程的初始阻力，使转动转矩减小，从而提高起动转速。曲轴转动以后，各零件工作表面的温度升高，润滑油的黏度降低，摩擦阻力减小，进一步降低起动转矩。此后可将减压手柄扳回到原位，柴油机便可顺利启动。

中、小型柴油机各缸的减压装置一般采用同步联动机构，大功率柴油机减压装置一般为分级联动机构。柴油机多数采用打开进气门的方式减压。

4. 起动液喷射装置

图 6-1-5 所示为起动液喷射装置。喷嘴安装在柴油机进气管上，起动液喷射罐内充有乙醚、丙酮等易燃燃料。当低温启动时，将起动液喷射罐倒置，罐口对准喷嘴上端的进气管口，轻压喷射器以打开端口上的单向阀，起动液即喷入柴油机的进气管，与吸入的空气一道进入燃烧室，这样便可以在较低的温度下迅速点燃燃烧室内的柴油。

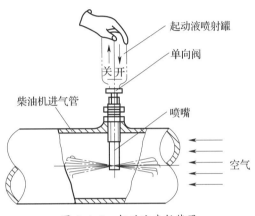

图 6-1-5 起动液喷射装置

三、起动机的组成

起动机由直流串励式电动机、传动机构和控制装置三大部分组成。

1. 直流串励式电动机

（1）结构

直流串励式电动机主要由电枢、磁极、电刷和壳体等组成，如图 6-1-6 所示。

直流串励式电动机的组成和结构见表 6-1-1。

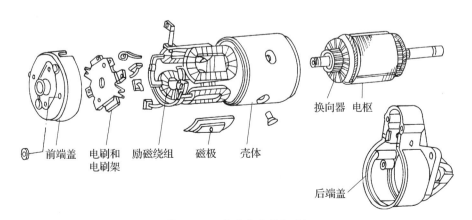

图 6-1-6 直流串励式电动机

表 6-1-1　　　　　　　　　　　直流串励式电动机的组成和结构

名称	说明	图示
电枢	由电枢轴、电枢铁芯、电枢绕组等组成。电枢轴上安装电枢铁芯和换向器。电枢铁芯是由外侧边缘带槽的硅钢片叠加组成的，固装在电枢轴上。电枢采用矩形的裸铜线绕制而成，为防止裸铜线绕组之间短路，在铜线与铁芯和铜线与铜线之间均用绝缘纸隔开	换向器　电枢铁芯　电枢绕组　　电枢轴
换向器	换向器的作用是向旋转的电枢绕组输入电流，它由许多截面呈燕尾形的铜片围成，铜片之间由云母片绝缘。电枢绕组各线圈端均焊接在换向器的铜片上	铜片　　云母片
磁极	由低碳钢制成，其内端部扩大为掌形，磁极多为4个或6个。每个磁极上套装有励磁绕组，4个励磁绕组相互串联（或2个励磁绕组串联后再并联），并与电枢绕组串联。励磁绕组按照一定规律绕制后，使4个磁极两两相对，即S极对S极，N极对N极，图中虚线为磁力线的回路 励磁绕组的一端接在外壳的绝缘接线柱上，另一端与两个正电刷相连。2个励磁绕组串联后再并联起动机，可以在导线截面不变的情况下增大起动电流，提高起动转矩	磁极与磁路 绝缘接线柱 励磁绕组　整流子 正电刷 负电刷 a)　　　　　b) 电动机内部电路图 a）4个励磁绕组相互串联　b）2个励磁绕组串联后再并联

续表

名称	说明	图示
电刷与电刷架	电刷架一般为框式结构，其中正极刷架与端盖绝缘，负极刷架通过壳体直接搭铁。电刷置于电刷架中，正电刷与励磁绕组的末端相连，负电刷与负极刷架搭铁。电刷由铜粉与石墨粉压制而成，呈棕红色。电刷架上装有弹性较好的盘形弹簧	
壳体	由低碳钢板卷曲焊接而成，一端留有四个检查窗口，便于电刷和换向器的日常维护，中部有一绝缘接线柱，内部与励磁绕组相连	后端盖　壳体 前端盖

（2）工作原理

如图 6-1-7 所示，电动机的电枢与蓄电池相连，电流由正电刷和换向片 A 流入，从换向片 B 和负电刷流出（用左手原则判断），线圈导线 ab 一侧受到的电磁力向左，导线 cd

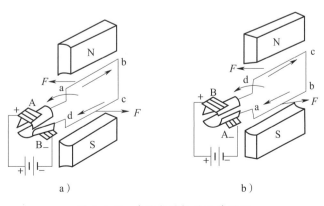

a）　　　　　　　　　　　　b）

图 6-1-7　直流电动机的工作原理

a）电流方向由 a-d　b）电流方向由 b-a

195

一侧受到的电磁力向右，此时转矩方向为逆时针。当电枢转过半周时，正电刷与换向片 B 接触，负电刷与换向片 A 接触，励磁绕组中的电流方向虽然改变，但因在 N 极和 S 极下导线中的电流方向仍保持不变，电磁转矩的方向也就不变，因此电枢仍按原来的逆时针方向转动。

一个线圈所产生的转矩太小，转速又不稳定，所以电动机的电枢绕组都是由很多线圈组成的，换向器的片数也随线圈的增多而增加。

当直流电动机接入直流电源时，产生电磁转矩使电枢旋转，电枢绕组又会切割磁力线产生感应电动势（其方向可用右手定则判定），与电枢绕组外加直流电压的方向相反，因此称其为反电势。

2. 传动机构

传动机构也称啮合机构，柴油机启动时，起动机的小齿轮与飞轮齿圈啮合，将起动机的转矩传递给曲轴；在柴油机启动后又能使起动机小齿轮与飞轮的齿圈自动脱开。传动机构主要由单向离合器和传动杠杆系统组成。不同形式的起动机传动机构中，传动杠杆系统无太大差别，且结构和原理简单，区别较大的是单向离合器。

（1）滚柱式单向离合器

图 6-1-8 所示为滚柱式单向离合器，它由外座圈、开有楔形槽的内座圈、滚柱以及装在内座圈孔中的柱塞和弹簧等组成。驱动齿轮与外座圈连成一体，花键套筒与内座圈连成一体，并套装在起动机电枢轴上。

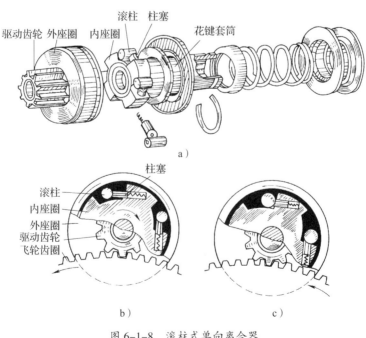

图 6-1-8　滚柱式单向离合器
a）结构图　b）启动时　c）启动后

当接通起动开关时，起动机电枢轴连同内座圈按图 6-1-8b 所示箭头方向旋转，由于摩擦力和弹簧张力的作用，滚柱被带到楔形槽窄的空间，将内外座圈连成一体，这样电枢轴上的转矩通过内座圈、楔紧的滚柱传递到外座圈和驱动齿轮，驱动齿轮便与电枢轴一起旋转带动柴油机转动。

柴油机启动后，曲轴转速升高，飞轮齿圈将带着驱动齿轮高速旋转，虽然驱动齿轮的旋转方向没有改变，但它由主动轮变为被动轮。当驱动齿轮和外座圈的转速超过内座圈和电枢轴的转速时，在摩擦力的作用下，滚柱克服弹簧张力的作用滚向楔形槽宽的空间，使内外座圈脱离并可以自由地相对运动，高速旋转的驱动齿轮与电枢轴脱开，起动机退出工作状态。

（2）弹簧式单向离合器

图 6-1-9 所示为弹簧式单向离合器，其安装在电枢轴上。驱动齿轮的右端空套在花键套筒左端的外圆面上，两个扇形块装入驱动齿轮右端的相应缺口中，并深入到花键套筒左端的环槽内，使驱动齿轮与花键套筒既可以一起做轴向移动，又可以相对滑转。离合弹簧在自由状态下的内径小于驱动齿轮和花键套筒相应外圆面的外径，在安装状态下离合弹簧紧套在外圆面上，离合弹簧与护套之间有间隙。启动时，起动机的电枢轴带动花键套筒旋转，有使离合弹簧收缩的趋势，离合弹簧被箍紧在相应的外圆面上，于是，起动机的转矩靠离合弹簧与外圆面之间的摩擦传递给驱动齿轮，通过飞轮带动曲轴旋转，使柴油机启动。柴油机一旦启动，驱动齿轮的转速超过花键套筒的转速，离合弹簧张开，驱动齿轮在花键套筒上滑转，与电枢轴脱开，起动机退出工作状态。

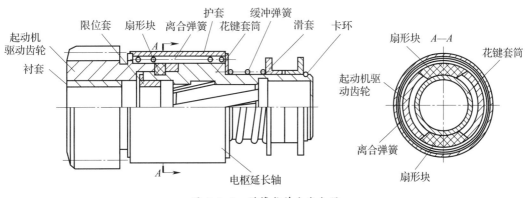

图 6-1-9 弹簧式单向离合器

（3）摩擦片式单向离合器

图 6-1-10 所示为摩擦片式单向离合器，其驱动齿轮与离合器的外接合鼓成一体，内接合鼓靠三线螺旋花键套装在花键套筒的左端，花键套筒则通过内螺旋花键套装在电枢轴的花键部分。主动摩擦片的外圆有四个凸起，嵌入内接合鼓外圆的四个直槽中；从

动摩擦片的外圆有四个凸起，嵌入外接合鼓内圆的四个直槽中。摩擦片之间的压力通过调整垫圈调整。

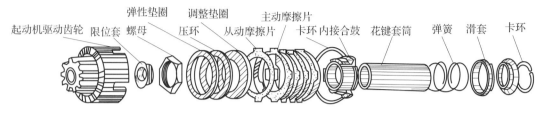

图 6-1-10　摩擦片式单向离合器

接通起动开关时，起动机的电磁转矩通过电枢轴传递给花键套筒，由于内接合鼓与花键套筒之间的转速差，内接合鼓沿花键套筒左移，将从动摩擦片与主动摩擦片压紧，使外接合鼓与内接合鼓连成一体，即驱动齿轮与电枢轴连成一体，起动机的转矩通过驱动齿轮和飞轮传递给柴油机的曲轴，使柴油机启动。

柴油机启动后，飞轮带着驱动齿轮和外接合鼓高速旋转，外接合鼓的转速超过电枢轴和花键套筒的转速，内接合鼓沿螺旋花键右移，从动摩擦片与主动摩擦片分开使驱动齿轮与电枢轴脱开，防止起动机超速。

比较三种单向离合器，滚柱式单向离合器应用在功率较小的起动机上；摩擦片式单向离合器多用于大功率起动机上；弹簧式单向离合器虽然具有工艺简单、寿命长、成本低等优点，但因离合弹簧所需圈数多、轴向尺寸较大，因此在功率较小的起动机上应用受到了限制。

3. 控制装置

（1）电磁式控制装置的结构

电磁式控制装置的结构如图 6-1-11 所示，由主接触盘、活动铁芯、电磁线圈、拨叉和调节螺钉等组成。电磁开关上有四个接线柱，分别是两个主电路接线柱，辅助接线

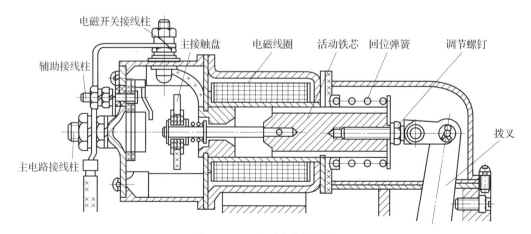

图 6-1-11　电磁式控制装置

柱和电磁开关接线柱，其中一个主电路接线柱与起动机内部励磁绕组连接，另一个主电路接线柱则接蓄电池正极；辅助接线柱与起动钥匙或按钮连接；电磁线圈由吸拉和保位两个线圈组成，电磁开关接线柱内部同时与两线圈连接。

（2）电磁式控制装置的工作原理

启动柴油机时，电磁开关内的两个绕组都有电流通过，因此它们均产生电磁吸力。在电磁吸力的作用下，活动铁芯向左运动，调节螺钉带动拨叉使起动机小齿轮与柴油机飞轮齿圈啮合，同时主电路接触盘紧压在两主电路接线柱上，使两主电路接线柱和辅助接线柱连在一起，蓄电池通过主电路接线柱和主电路接触盘向起动机放电，使柴油机可靠启动。

启动柴油机后，电磁线圈断电，活动铁芯迅速退磁，在回位弹簧的作用下，主电路切断，同时小齿轮退出啮合，启动过程结束。

四、无起动继电器的控制电路

柴油机起动系的起动机大多采用电磁操纵啮合式起动机，下面以 ST614 型电磁操纵啮合式起动机为例，分析无起动继电器的控制电路。

图 6-1-12 所示为 ST614 型起动机控制电路。在黄铜丝上绕有吸拉线圈和保位线圈，两个线圈的公共端接至起动机按钮，吸拉线圈的另一端接至起动机主电路接线柱，与起动机励磁和电枢绕组串联，保位线圈的另一端则直接搭铁。黄铜丝内装有活动铁芯，通过调节螺钉与拨叉相连接，挡铁的中心装有活动杆，上面装有主电路接触盘。

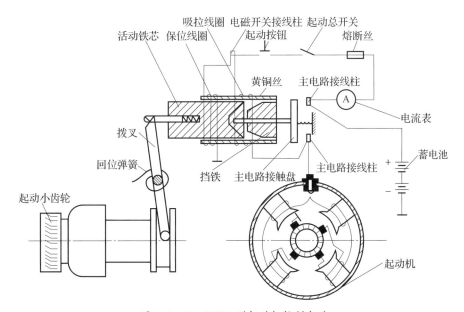

图 6-1-12 ST614 型起动机控制电路

工作时，接通起动总开关，按下起动按钮，便可接通吸拉线圈和保位线圈电路，其路线为：蓄电池正极→主电路接线柱→电流表→熔断丝→起动总开关→起动按钮→电磁开关接线柱。后又分为两路：一路为电磁开关接线柱→吸拉线圈→主电路接线柱→励磁绕组→电枢绕组→搭铁（蓄电池负极）；另一路为电磁开关接线柱→保位线圈→搭铁。

根据右手螺旋定则可以判定，此时吸拉和保位两线圈所产生的磁场方向相同，在两线圈电磁吸力的作用下，活动铁芯克服回位弹簧的弹力而被吸入，拨叉便将起动小齿轮推出，使其与柴油机飞轮齿圈啮合。由于吸拉线圈的电流流经起动机的励磁绕组和电枢绕组，将产生一定的电磁转矩，所以起动小齿轮是缓慢啮合的。当齿轮啮合 1/2 个齿左右时，主电路接触盘也将两个主电路接线柱触头接通，于是蓄电池便向起动机励磁绕组和电枢绕组放电，产生正常的转矩带动曲轴旋转，从而启动柴油机。与此同时，吸拉线圈被短接，齿轮的啮合位置由保位线圈的吸力来保持。

柴油机启动后，松开起动按钮，电磁开关保持线圈中的电流经起动机开关与吸拉线圈形成通路，电流由蓄电池正极→主电路接线柱→主电路接触盘→主电路接线柱→吸拉线圈→电磁开关接线柱→保位线圈→搭铁→蓄电池负极，构成回路。此时吸拉线圈中的电流与起动时该线圈的电流方向相反，吸拉线圈与保位线圈电流所产生的磁场方向相反而相互抵消，活动铁芯在回位弹簧的作用下退回原位，主电路接触盘也同时退回，切断起动机电路，拨叉也将处于打滑状态的离合器拨回原位，齿轮脱离啮合，起动机停止工作。

五、有起动继电器的控制电路

ST614 型起动机控制电路中电磁开关内吸拉线圈和保位线圈的电流均流经起动按钮，由于电流较大，起动按钮易烧蚀。因此，一些起动机控制电路中采用了小电流控制大电流的起动继电器。

图 6-1-13 所示为带有起动继电器的 KB 型起动机控制电路，其控制原理如下。

当按下起动按钮时，将接通起动继电器的线圈和联动继电器的保位线圈电路。起动继电器动作后，上触点、小触点与接触桥闭合，又将联动继电器的吸拉线圈、起动机的副磁场线圈与电源接通，电流经电枢绕组构成回路。此时，移动齿轮轴在联动继电器两线圈磁场的共同作用下向外伸出，同时，由于起动机内有电流通过，电枢开始缓慢旋转带动驱动齿轮与飞轮齿圈啮合。

当啮合到位时，解脱凸缘顶起锁止臂，解脱了被顶住的移动臂，使下触点与接触桥闭合，接通起动机主磁场线圈电路；同时将副磁场线圈常闭触点打开，副磁场线圈搭铁触点接通，使副磁场线圈直接搭铁。此时，主、副磁场线圈和电枢线圈均有很大的电流通过，起动机输出强大转矩带动柴油机旋转。

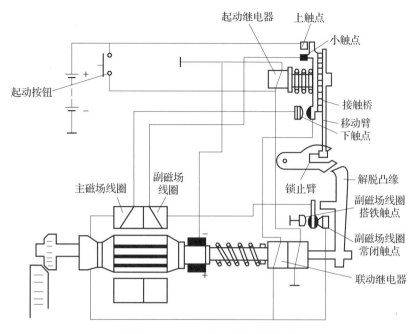

图 6-1-13 KB 型起动机控制电路

主磁场线圈接通后，因其电阻很小，便将联动继电器吸拉线圈短路，在保位线圈吸力作用下移动齿轮轴，使齿轮处于啮合位置。

柴油机启动后，起动按钮释放，起动继电器和联动继电器线圈均断电，在回位弹簧的作用下齿轮轴移动回位，起动机退出工作状态。

任务实施

起动系的维护

一、工具、设备与辅料

1. 工具：汽车维修通用工具、专用工具、零件车、台虎钳。

2. 设备：柴油机翻转架。

3. 辅料：润滑油、润滑脂、棉纱等。

二、操作步骤

起动系的维护见表 6-1-2。

表 6-1-2   起动系的维护

（1）拆下起动机，清洗、擦净起动机外部，检查起动机壳体，不应有裂纹和破损	
（2）检查单向离合器驱动齿轮是否损伤严重，如有损坏，应更换	
（3）检查单向离合器是否打滑或卡滞。将驱动齿轮夹在台虎钳上，在花键套筒中套上花键轴，将扳手接在花键轴上，测得的扭矩应大于 24 N·m，否则，说明单向离合器打滑	

（4）反方向转动单向离合器，应无卡滞，否则应更换单向离合器

（5）检查电磁开关时，将起动机的外壳与蓄电池的负极连接，将蓄电池的正极短暂与50端子接触，活动铁芯应动作，否则更换电磁开关

（6）进行起动机性能试验时，将起动机的外壳与蓄电池的负极连接，将蓄电池的正极与30端子连接，再用蓄电池的正极与50端子接触

续表

（6）进行起动机性能试验时，将起动机的外壳与蓄电池的负极连接，将蓄电池的正极与30端子连接，再用蓄电池的正极与50端子接触	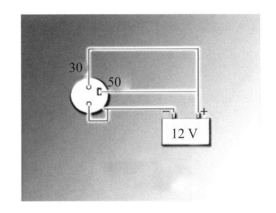
（7）此时，驱动齿轮应向外伸出，起动机应平稳运转，转速应不低于5 000 r/min	
（8）蓄电池的正极与50端子脱离，驱动齿轮应复位，起动机应停止运转	

起动机的分解与检测

一、工具、设备与辅料

1. 工具：汽车维修通用工具、专用工具、零件车、电流表、万用表、百分表、游标卡尺、专用锉刀、弹簧秤。

2. 设备：柴油机翻转架。

3. 辅料：润滑油、润滑脂、棉纱等。

二、操作步骤

1. 起动机的分解见表 6-1-3。

表 6-1-3 　　　　　　　　　　　　　　　　起动机的分解

（1）起动机解体前应清洁外部的油污和灰尘。旋出防尘盖固定螺钉，取下防尘盖，用专用钢丝钩取出电刷；拆下电枢轴上止推垫圈处的卡簧	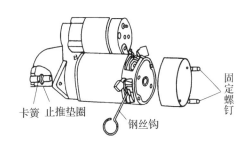
（2）用扳手旋出两个紧固穿心螺栓，取下前端盖，抽出电枢	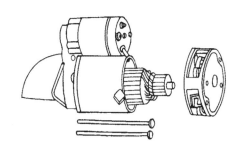
（3）拆下电磁开关主接线柱与电动机接线柱间的导电片；旋出后端盖上的电磁开关紧固螺钉，使电磁开关后端盖与中间壳体分离	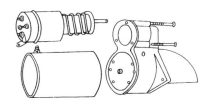
（4）从后端盖上旋下中间支承板紧固螺钉，取下中间支承板，旋出拨叉轴销螺钉，抽出拨叉，取出单向离合器	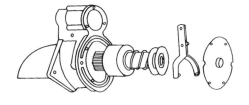

（5）将已解体的机械部分浸入清洗液中清洗，电气部分用棉纱蘸少量润滑油擦拭干净

2. 起动机的检测分为解体检测和不解体检测两种。解体检测随解体过程一同进行，不解体检测可以在拆卸前或装复后进行。起动机的不解体检测见表 6-1-4。

表 6-1-4　　　　　　　　　　　　　　　　**起动机的不解体检测**

（1）吸拉线圈的性能测试 　　连接蓄电池与电磁开关。将电磁开关上与起动机连接的端子 C 断开，与蓄电池负极连接，将电磁开关上与点火开关连接的端子 50 与蓄电池正极连接，此时，起动机驱动齿轮应向外移出，否则说明电磁开关有故障，应予以修理或更换	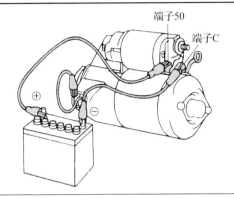
（2）保持线圈的性能测试 　　在吸拉线圈性能测试的基础上，拆下电磁开关端子 C 上的线，驱动齿轮应保持在伸出位置不动。否则，说明保持线圈损坏或搭铁不正常，应修理或更换电磁开关	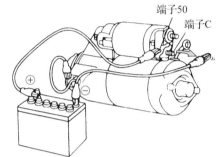
（3）驱动齿轮的回位测试 　　在上述试验的基础上，拆下电磁开关壳体上的连接线，驱动齿轮应迅速复位。如不能复位，说明回位弹簧失效，应予以更换	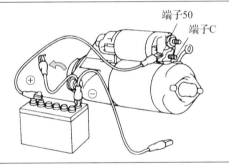
（4）驱动齿轮间隙的检查 　　按右图所示连接蓄电池和电磁开关，并进行驱动齿轮间隙的测量。测量时，先把驱动齿轮推向电枢方向，消除间隙后测量驱动齿轮端和止动套圈间的间隙，并与标准值进行比较	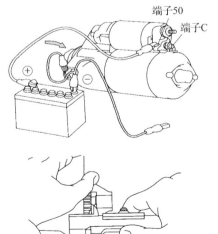

续表

（5）空载测试 　1）固定起动机，按右图所示的方法连接导线 　2）检查起动机，应平稳运转，同时驱动齿轮应移出 　3）读取电流表的数值，应符合标准值 　4）断开端子后，起动机应立即停止转动，同时驱动齿轮退回	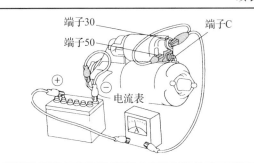

3. 起动机的解体检测见表 6-1-5。

表 6-1-5　　　　　　　　　　起动机的解体检测

（1）磁场绕组的检测 　用万用表检查励磁绕组两电刷之间时，应导通；检查励磁绕组和定子外壳时，不应导通	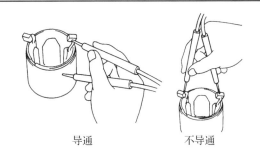
（2）电枢的检测 　1）将万用表置于 2 MΩ 欧姆挡，换向器和电枢线圈铁芯之间不应导通	
2）将万用表置于 200 Ω 欧姆挡，两表笔放在电枢绕组两整流片上，应导通	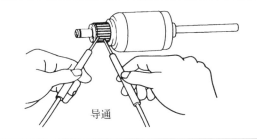
3）用百分表检查换向器的圆跳动误差，不应超过 0.03 mm	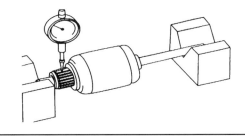

续表

4）用游标卡尺检查换向器最小直径 注意：检查时应与标准值进行比较，若测得的直径小于标准值，应更换电枢	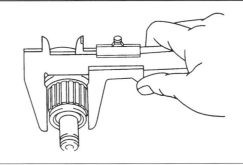
5）用百分表检查电枢轴的圆跳动误差，不应大于 0.08 mm，否则应进行校正或更换电枢	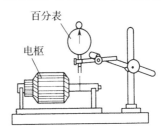
6）检查换向器的绝缘片，应洁净、无异物。绝缘片的深度为 0.5 ～ 0.8 mm，若深度不够，可用专用锉刀进行修磨	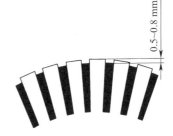
（3）电刷、电刷架及电刷弹簧的检查 1）用游标卡尺测量电刷长度。测量电刷长度时，要结合具体的标准，不小于最小长度即可	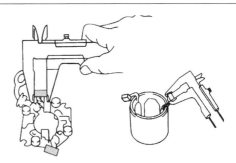
2）检查"＋"电刷架 A 和"－"电刷架 B 之间，应不导通。若导通，应更换电刷架总成	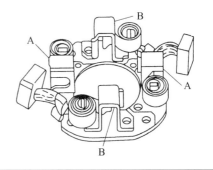

3）不同型号起动机的弹簧压力是不同的，若测得弹簧的张力不在规定的范围内，要更换电刷弹簧	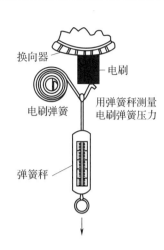
（4）传动机构的检测 握住电枢，当转动单向离合器外座圈时，驱动齿轮总成应能沿电枢轴滑动；检查小齿轮和花键及飞轮齿圈有无磨损和损坏，在确保驱动齿轮无损坏的情况下，握住外座圈，转动驱动齿轮，应能自由转动；反转时应锁住，否则应更换单向离合器	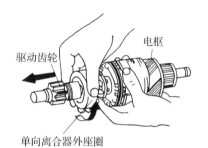 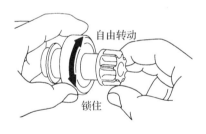
（5）起动继电器的检查 当继电器线圈通电时，其触点闭合，用万用表检查应导通 当继电器线圈断电时，其触点打开，用万用表检查应不通	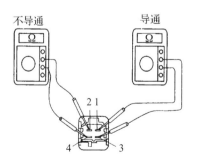

N

（5）起动继电器的检查

当继电器线圈通电时，其触点闭合，用万用表检查应导通

当继电器线圈断电时，其触点打开，用万用表检查应不通

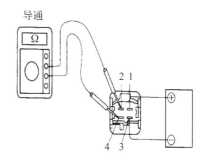

（6）电磁开关的检查

1）活动铁芯的检查

推入活动铁芯，然后松开，活动铁芯应能迅速回位

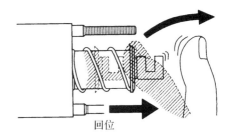

2）吸引线圈的开路检查

用万用表检测端子50和端子C应导通，并且阻值应在标准范围内，可以进行不解体检查

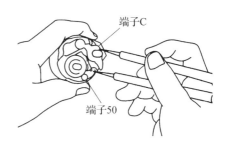

3）保位线圈的开路检查

用万用表检测端子50和搭铁应导通，并且阻值在标准范围内，可以进行不解体检查

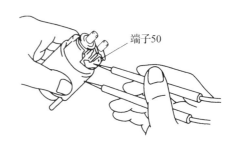

4）电磁开关接触片的检查

用手推动活动铁芯，使其触盘与两接线柱接触，然后用万用表检测端子 30 和端子 C 应导通，并且在正常情况下的阻值为 0 Ω

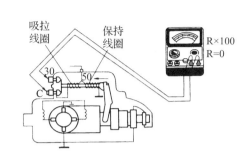

项目七

柴油机电控喷油系

任务　柴油机电控喷油系概述

学习目标

1. 能讲述燃油共轨式电控喷油系的组成。
2. 能讲述电控柴油机传感器的原理。
3. 能讲述燃油共轨式电控喷油系的工作原理。
4. 依据汽车维修操作要求，熟练、规范地完成共轨总成的拆装。
5. 依据汽车维修操作要求，熟练、规范地完成高压油泵总成的拆装。
6. 依据汽车维修操作要求，熟练、规范地完成喷油器总成的拆装。
7. 依据汽车维修操作要求，熟练、规范地完成柴油机主要传感器的拆装。

情境导入

　　某重型载货汽车的柴油机故障指示灯常亮，原地缓踩加速踏板时少量冒黑烟，急加速时大量冒黑烟，发动机动力不足。经检查，初步判定为进气压力温度传感器损坏，进气压力信号异常，ECU 无法接收到正确的进气量信息，导致喷油量异常，燃烧不充分。通过本任务的学习，能否了解柴油机电控喷油系呢?

相关知识

一、柴油机电控技术的发展

柴油机电控喷油系已先后出现了三代。

1. 第一代系统

（1）结构特点

第一代系统是位置控制系统，它用电子伺服机构代替机械调速器控制供油滑套位置以实现对供油量的调整。其特点是保留了传统的喷油泵—高压油管—喷油器系统，只是对齿条或滑套的运动位置由原来的机械调速器控制改为计算机控制，如图7-1-1所示。

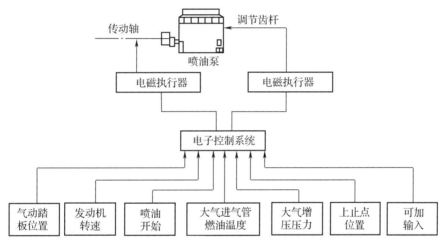

图 7-1-1　位置控制系统

位置控制系统的优点是生产继承性好，缺点是控制自由度小，控制精度差，喷油速率和喷射压力难以控制。

（2）工作原理

电控单元ECU根据各种信号输入装置检测柴油机的工作状态，计算出最适合柴油机工作的喷油量和喷油正时，并向电磁执行器发出相应的指令。

2. 第二代系统

（1）结构特点

第二代系统是时间控制系统，如图7-1-2所示，其特点是供油仍维持传统的脉动式柱塞泵供油方式，但供油量和喷油定时的调节则由电磁阀（计算机控制）的开闭时刻所决定。一般情况下，电磁阀关闭时，执行喷油，电磁阀打开时，喷油结束。喷油始点取决于电磁阀关闭时刻，喷油量则取决于电磁阀关闭时间的长短。时间控制系统的控制自由度更大。

时间控制系统的优点是结构简单、强度高、设计自由度高、喷油压力高，但仍利

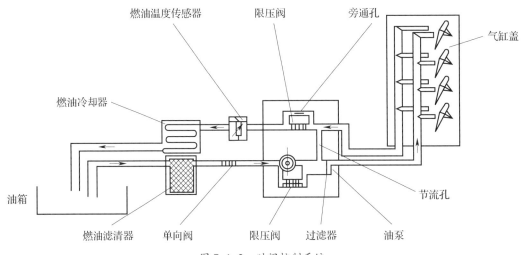

图 7-1-2　时间控制系统

用脉动式柱塞泵供油，其对转速的依赖性很大，在低速、低负荷时，喷油压力不高，且难以实现多次喷射，不利于降低柴油机的噪声和振动。

（2）工作原理

ECU 根据各种信号输入装置检测柴油机的工作状态，计算出最适合柴油机工作的喷油量和喷油正时，并向高速电磁阀发出是否供油的指令，高速电磁阀即可单独完成供油量、供油正时的控制任务。一般情况下，电磁阀关闭执行喷油，电磁阀打开喷油结束。喷油始点取决于电磁阀关闭时刻，喷油量则取决于电磁阀关闭时间的长短。

3. 第三代系统

（1）结构特点

第三代系统是燃油共轨式电控喷油系统，这是一种新型电控喷油系统，代表着柴油机喷油系的发展方向，如图 7-1-3 所示。

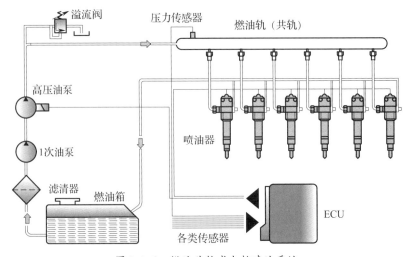

图 7-1-3　燃油共轨式电控喷油系统

燃油共轨式电控喷油系统取消了传统的喷油泵—高压油管—脉动供油结构，采用一个柴油机驱动的高压油泵，连续将高压燃油输送到共轨（燃油管是一个长管密封容器，各缸喷油器都安装在容器上，共同使用这一燃油轨，即共轨）内，并通过调节以满足压力要求，共轨内的高压燃油通向各缸的电控喷油器，如图 7-1-4 所示。

图 7-1-4　燃油共轨式电控喷油系统

该系统的优点是可实现高压喷射供油，最高可达 200 MPa；喷射压力独立于柴油机转速，可以改善低速、小负荷性能；可以实现预喷射和理想喷油规律；喷油正时和喷油量可自由选定；结构简单，可靠性好，适应性强。

（2）工作原理

ECU 根据各种信号输入装置检测柴油机的工作状态，计算出最适合柴油机工作的喷油量和喷油正时，并向电控喷油器发出是否打开的指令，电控喷油器可单独完成供油量、供油时间控制两个任务。电控喷油器打开，执行喷油；电控喷油器关闭，喷油结束。喷油始点取决于电控喷油器打开的时刻，喷油量则取决于电控喷油器打开时间的长短。

二、柴油机电控系统的组成及原理

1. 柴油机电控系统的组成

柴油机电控系统由信号输入装置、电子控制单元（ECU）和执行器三个部分组成，如图 7-1-5 所示。

（1）信号输入装置

信号输入装置的作用是通过各种传感器或其他控制装置将各种控制信号输入给电子控制单元（ECU），它包括各种传感器和信号开关。不同的电控燃油系统所选用的信号输入装置是不同的。

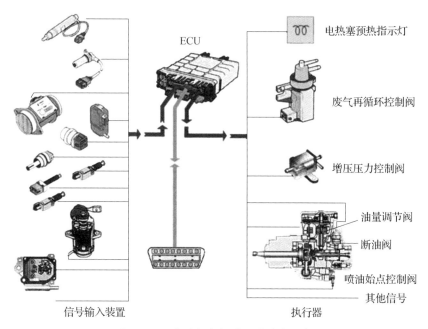

图 7-1-5　柴油机电控系统的基本组成

传感器包括曲轴位置传感器、凸轮轴位置传感器、进气温度传感器、增压压力传感器、冷却液温度传感器、共轨压力传感器、燃油温度传感器、加速踏板位置传感器等。

信号开关包括钥匙开关 E/G、空调开关 A/C、动力转向油压开关、空挡起动开关。

（2）电子控制单元（ECU）

电子控制单元是整个柴油机电控系统的核心，它利用内部存储的软件（各种函数、算法语言、数据、表格）与硬件（各种信号采集处理电路、计算机系统、功率输出电路、通信电路），分析各传感器输入的动态数据，制定出各种控制命令送到各个执行器，从而实现对柴油机的控制。

电子控制单元的外形为一个金属盒，所有电路和芯片包含在内部，通过引出的接头与传感器和执行器相连。

（3）执行器

执行器是接受 ECU 控制信号指令，具体执行某项控制功能的装置。柴油机电控喷油系统的类型不同，执行器也有所不同。如位置控制式电控喷油系统的执行器为电动调速器和电子提前器（时间正时器），时间控制式电控喷油系统的执行器为高速电磁阀，燃油共轨式电控喷油系统的执行器为电控喷油器等。

2. 柴油机电控系统的工作原理

图 7-1-6 所示为柴油机电控系统的原理图。柴油机上的各种信息通过传感器及其他信号开关输送到 ECU，经过与存储器中柴油机的各种调控参数或状态的目标数据进行运算比较，由 ECU 给执行器发出控制指令信号，使柴油机按照最佳的状态运行。

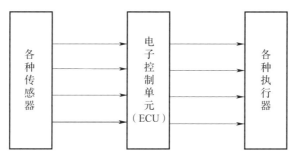

图 7-1-6　柴油机电控系统原理图

三、柴油机电控系统的控制内容

1. 燃油喷射控制

燃油喷射控制主要包括喷油量控制、喷油正时控制、喷油速率控制和喷油压力控制等。

2. 怠速控制

怠速控制主要包括怠速转速控制和怠速时各缸均匀性控制。

3. 进气控制

进气控制主要包括进气节流控制、可变进气涡流控制和可变配气正时控制。

4. 增压控制

增压控制主要包括废气旁通控制和涡流通流面积控制。

5. 排放控制

排放控制主要是废气再循环（Exhaust Gas Recirculation，EGR）控制。ECU 主要根据柴油机的转速和负荷信号，按内存程序控制 EGR 阀的开度，以调节 EGR 率。

6. 起动控制

起动控制主要包括供（喷）油量控制、供（喷）油正时控制和预热装置控制，其中供（喷）油量控制和供（喷）油正时控制与其他工况相同。

7. 巡航控制

带有巡航控制功能的柴油机电控系统，当通过巡航控制开关选定巡航控制模式后，ECU 即可根据车速信号等自动维持汽车以一定车速行驶。

8. 故障自诊断和失效保护

柴油机电控系统中包含故障自诊断和失效保护两个子系统。柴油机电控系统出现故障时，故障自诊断系统将点亮仪表盘上的"故障指示灯"，提醒驾驶员注意，并储存故障码，检修时可通过一定的操作程序调取故障码等信息；同时失效保护系统启动相应保护程序，使柴油机能够继续保持运转或强制熄火。

9. 柴油机与自动变速器的综合控制

在装有自动变速器的柴油车上，将柴油机控制 ECU 和自动变速器控制 ECU 合为一体，实现柴油机与自动变速器的综合控制，以改善汽车的变速性能。

四、燃油共轨式电控喷油系的组成

燃油共轨式电控喷油系由液力系统和电子控制系统组成。其中，液力系统又分低压液力系统和高压液力系统，如图 7-1-7 所示。

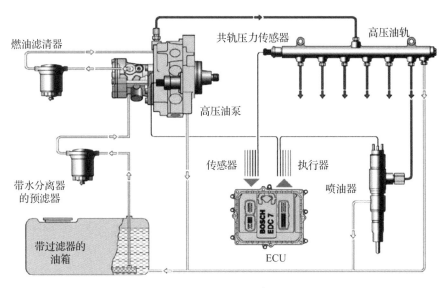

图 7-1-7　燃油共轨式电控喷油系的组成

低压液力系统包含油箱、输油泵、燃油滤清器和低压油管。

高压液力系统包含喷油泵、高压油轨、喷油器和高压油管。

电子控制系统由传感器、电控单元、执行器（包括带电磁阀的喷油器、压力控制阀、预热塞控制单元、增压压力调节器、废气循环调节器、节流阀等）以及线束组成。

其中，喷油器、喷油泵、高压油轨、电控单元为柴油共轨式电控喷油系统的四大核心部件，如图 7-1-8 所示。

1. 低压液力系统

低压液力系统向高压液力系统提供足够的燃油。

（1）输油泵

输油泵在任何工况下，为燃油提供所需的压力，并在整个使用寿命期内，向高压油泵提供足够的燃油。输油泵有两种类型，即电动输油泵（滚子叶片泵）和机械驱动的齿轮输油泵。

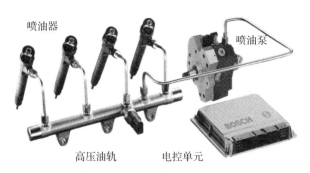

图 7-1-8　柴油共轨式电控喷油系统的四大核心部件

1）电动输油泵

电动输油泵如图 7-1-9 所示，适用于乘用车和轻型商用车。除了向高压油泵输送燃油外，电动输油泵在监控系统中还起到在必要时中断燃油输送的作用。

柴油机开始启动时，电动输油泵就开始运行，且不受柴油机转速影响。电动输油泵持续从油箱中抽出柴油，经柴油滤清器送往高压油泵，多余的柴油经溢流阀流回油箱。电动输油泵具有安全电路，可防止在停机时向柴油机输送燃油。

电动输油泵有油管安装式和油箱安装式两种，油管安装式输油泵安装在车辆底盘油箱与柴油滤清器之间的油管上；油箱安装式输油泵则安装在油箱内的专用支架上，其总成通常还包括吸油端的吸油滤网、油位显示器、储油罐以及与外部连接的电气和液压接头。

2）齿轮输油泵

齿轮输油泵如图 7-1-10 所示，适用于乘用车和轻型商用车的共轨喷油系统中，向高压油泵输送燃油。齿轮输油泵装在高压油泵中，与高压油泵共用驱动装置；或装在柴油机旁，有单独的驱动装置。驱动装置一般为联轴节、齿轮或齿带。

齿轮输油泵的基本构件是两个互相啮合且反向转动的齿轮，它们将齿隙中的柴油从吸油端送往压油端。齿轮的接触线将吸油端和压油端互相密封以防止柴油倒流。齿轮输油泵的输

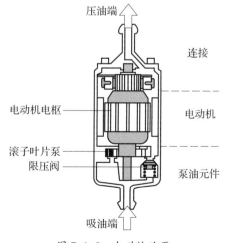

图 7-1-9　电动输油泵

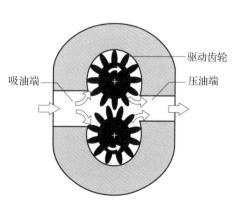

图 7-1-10　齿轮输油泵

油量与柴油机转速成正比，输油量的调节借助于吸油端的节流调节阀或压油端的溢流阀进行。

齿轮输油泵在工作期间无需维护。为了在第一次启动时或燃油箱放空后排空燃油系统中的空气，可在齿轮输油泵或低压管路上装配手动泵。

（2）柴油滤清器

柴油过滤不当可能导致泵元件、出油阀以及喷油嘴的损伤。因此，需要通过柴油滤清器来满足电控喷油系的要求。柴油可能以黏结形式（乳液）或游离形式（如由于温度变化而造成的水分凝结）而含水分，如果这些水分进入电控喷油系，可能导致元件腐蚀性损伤。柴油粗滤器下部安装了柴油含水率传感器，水位到达一定高度时，报警灯亮，提示驾驶员放水。柴油滤清器上盖有手动泵（燃油系统放气用），并可以根据需要安装燃油温度传感器及燃油加热器，如图7-1-11所示。

乘用车及轻型车用的共轨柴油机，一般仅采用柴油细滤器。商用车使用的中型及重型共轨柴油机普遍采用柴油粗滤器和柴油细滤器。

柴油细滤器安装在输油泵与高压油泵之间，对进入高压油泵前的柴油进一步过滤。

图 7-1-11　柴油滤清器

2. 高压液力系统

高压液力系统中除了产生高压力的组件外，还有燃油分配和计量组件等。

（1）高压油泵

1）作用

高压油泵位于低压液力系统和高压液力系统之间，其作用是在车辆所有工作范围和整个使用寿命期间，在共轨中持续产生符合系统压力要求的高压燃油，以及在快速启动过程和共轨中压力迅速升高时提供所需的燃油储备。

2）结构

高压油泵的结构如图7-1-12所示。高压油泵装在柴油机上，以齿轮、链条或齿形带连接在柴油机上，最高转速为3 000 r/min，靠燃油润滑。根据安装空间大小的不同，调压阀可直接装在高压油泵旁或固定在共轨上。

3）工作过程

燃油通过输油泵加压经带水分离器的预滤器送往单向阀，通过单向阀上的节流孔将燃油压到高压油泵的润滑和冷却回路中。带偏心凸轮的驱动轴或弹簧根据凸轮形状相位的变化将泵柱塞推上或压下。如果供油压力超过了安全阀的开启压力（0.05～0.15 MPa），则输油泵可通过高压油泵的进油阀将燃油压入柱塞腔（吸油行程）。当柱塞达到下止点后而上行时，进油阀被关闭，柱塞腔内的燃油被压缩，只要达到共轨压力就立即

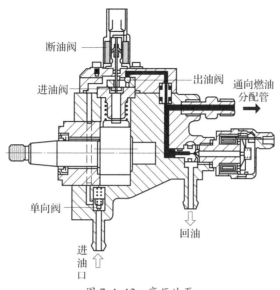

图 7-1-12　高压油泵

打开排油阀，被压缩的燃油进入高压回路。到上止点前，柱塞一直泵送燃油（供油行程）。达到上止点后，压力下降，排油阀关闭。柱塞向下运动时，剩下的燃油降压，直到柱塞腔中的压力低于输油泵的供油压力时，吸油阀再次被打开，重复进入下一工作循环。

（2）调压阀

1）作用

调压阀的作用是根据发动机的负荷状况调整和保持共轨中的压力。共轨压力过高时，调压阀打开，一部分燃油经回油管返回油箱；共轨压力过低时，调压阀关闭，高压端对回油管封闭。

2）结构

调压阀（图 7-1-13）固定在高压油泵或共轨上。衔铁销将球阀压在密封座上，以

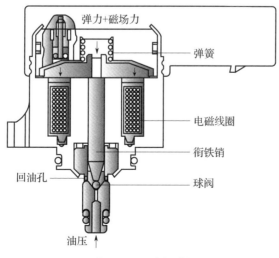

图 7-1-13　调压阀

使高压端对低压端密封。一方面弹簧将衔铁销往下压，另一方面电磁线圈还对衔铁销有作用力。为进行润滑和散热，整个电磁阀周围都有燃油流过。

（3）共轨油管

1）作用

共轨油管的作用是存储高压燃油，高压油泵的供油和喷油所产生的压力波动由共轨油管的容积进行缓冲。在输出较大燃油量时，所有气缸共用的共轨压力也应保持恒定，确保喷油器打开时喷油压力不变。

2）结构

由于柴油机的安装条件不同，流量限制器（选装件）、共轨压力传感器、调压阀和限压阀的共轨油管的结构设计不同，其一般结构如图 7-1-14 所示。

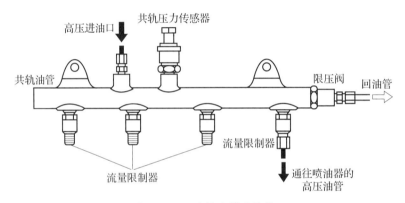

图 7-1-14 共轨油管的结构

（4）限压阀

1）作用

限压阀限制共轨油管中的压力，当压力过高时，打开放油孔卸压。共轨油管内允许的短时最高压力为 150 MPa。

2）结构及工作原理

限压阀是按机械原理工作的，其结构有便于拧在共轨上的外螺纹外壳、通往油箱的回油管接头、可活动的活塞、压力弹簧等，如图 7-1-15 所示。

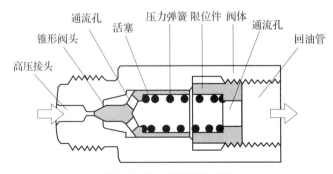

图 7-1-15 限压阀的结构

外壳在通往共轨的连接端有一个孔，此孔被外壳内部密封面上的锥形阀头关闭。在标准工作压力（135 MPa）下，压力弹簧将活塞压紧在座面上，共轨呈关闭状态。只有当超过系统最大压力时，活塞才受共轨中压力的作用而压缩，于是处于高压下的燃油流出。燃油经过通道流入活塞中央的孔，然后经回油管流回油箱。随着限压阀的开启，燃油从共轨中流出，降低了共轨油管中的压力。

（5）喷油器

1）作用

喷油器通过电子控制系统控制喷油始点和喷油量。与直喷式柴油机中的喷油器相似，喷油器用卡夹装在气缸盖中。

2）结构

喷油器由喷油孔、液压伺服系统、电磁阀组件等构成，其结构和工作原理如图 7-1-16 所示。来自共轨的高压油，经油道流向喷油孔，同时经充油控制孔进入阀控制室，而阀控制室经由电磁阀控制的释放控制孔与回油孔相通。

电磁阀动作时，打开释放控制孔，阀控制室内的压力下降，作用在阀控制活塞上的液压力小于作用在喷油针阀承压面上的力，喷油针阀立即打开，燃油经过喷油孔喷入燃烧室，如图 7-1-16b 所示。

电磁阀控制电流结束，衔铁在阀弹簧力的作用下向下将球阀压在阀座上，关闭释放控制孔，充油控制孔进油又使控制室中建立起与共轨油管中相同的压力，从而使作用在控制活塞上的力增加，再加上弹簧力，超过了喷油孔内腔容积中的液压力，使喷油针阀关闭，如图 7-1-16c 所示。

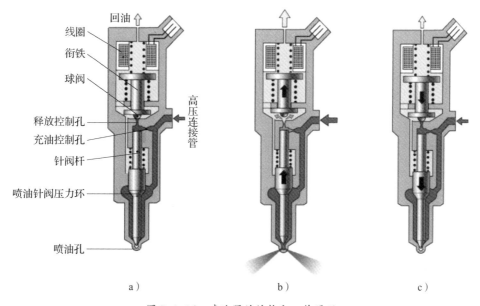

图 7-1-16　喷油器的结构和工作原理
a）喷油器的结构　b）喷油器开启　c）喷油器关闭

五、电控柴油机的传感器

电控柴油机上的传感器大致分为压力传感器、温度传感器、速度与位置传感器三类，有十余种，其作用、结构及安装位置见表 7-1-1。

表 7-1-1　　　　　　　　　电控柴油机传感器的作用、结构及安装位置

名称	作用、结构及安装位置	安装位置图示
曲轴位置传感器	作用：检测柴油机活塞上止点信号、曲轴转角信号和柴油机转速信号，并将其输入 ECU，以便 ECU 精确控制喷油量及喷油正时 结构：广泛采用电磁感应式，也有霍尔式 安装位置：飞轮壳上或齿轮室处	凸轮轴位置传感器　曲轴位置传感器
凸轮轴位置传感器	作用：凸轮轴每转一圈向 ECU 提供一个信号，ECU 据此确定哪个气缸的活塞处于压缩行程上止点 结构：广泛采用霍尔式，也有电磁感应式 安装位置：凸轮轴位置传感器的安装位置视凸轮轴的位置不同而异。当凸轮轴下置或中置时，一般安装在高压油泵上或单体泵上；当凸轮轴上置时，其位于气缸盖上	
共轨压力传感器	作用：实时测定共轨油管中的实际压力信号并反馈给 ECU，调节油压 结构：压阻式共轨压力传感器最高频率为 1 kHz，测量范围在 0 ~ 200 MPa 安装位置：在共轨油管上	共轨　共轨压力传感器 流量限制器　到喷油器去的高压油
冷却液温度传感器	作用：主要用于测量柴油机冷却液的温度，从而进一步精确控制燃油喷射量 结构：负温度系数热敏电阻，使用范围为 −40 ~ 130 ℃ 安装位置：在节温体上	冷却液温度传感器

名称	作用、结构及安装位置	安装位置图示
进气压力和进气温度传感器	作用：计算空气量，用来控制空燃比，从而进一步精确控制燃油喷射量 结构：半导体压敏电阻式压力传感器 安装位置：在进气歧管上	 进气压力传感器　　进气温度传感器
燃油温度传感器	作用：向柴油机控制单元提供燃油温度信号，一般设置在第二级柴油滤清器盖内。柴油机控制单元根据燃油的温度变化对喷油量进行修正 结构：负温度系数热敏电阻，使用范围为 $-40 \sim 130$ ℃ 安装位置：在主油管上	 排气螺塞 燃油温度传感器 燃油加热器
润滑油温度传感器	作用：向柴油机控制单元提供柴油机的润滑油温度，特别是在寒冷气温状态下 结构：负温度系数热敏电阻 安装位置：在主润滑油管上	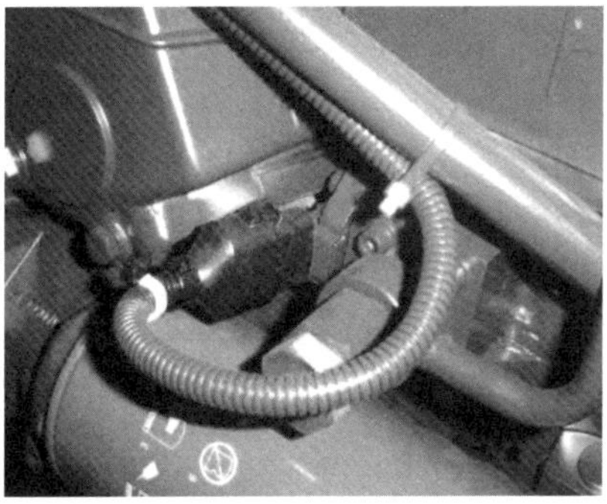
加速踏板位置传感器	作用：检测加速踏板被驾驶员踩下的位置，并将加速踏板位置信号输送给 ECU，再由 ECU 通过控制供（喷）油量的执行元件来控制循环供（喷）油量 结构：常用的为电位计式、差动电感式和霍尔式 安装位置：在加速踏板上	

六、燃油共轨式电控喷油系的工作原理

柴油机工作时，柴油机的工作情况（如柴油机转速、加速踏板位置、冷却液温度、进气温度等）被各种传感器检测到。ECU（电子控制单元）根据上述传感器检测到的信号对喷油量、喷油时刻、喷油压力进行全面控制，确保柴油机处于最佳的工作状态。

电控喷油器根据 ECU 发出的喷油指令脉冲起点控制喷油始点，即喷油正时；喷油量由 ECU 发出的喷油指令脉冲宽度控制；喷油压力为共轨压力，通过 ECU 给高压油泵发出共轨压力指令控制，由高压油泵控制共轨压力，共轨压力传感器将共轨压力反馈给ECU，以实现共轨压力的闭环控制，如图 7-1-17 所示。

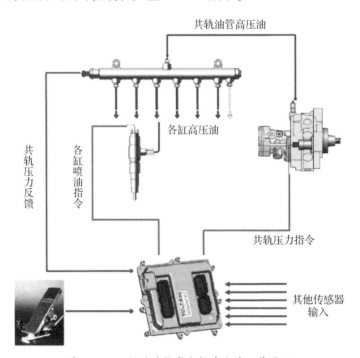

图 7-1-17　燃油共轨式电控喷油系工作原理

任务实施

柴油机电控喷油系的拆卸与装配

一、工具、设备与辅料

1. 工具：汽车维修通用工具、专用工具、零件车、齿轮拉拔器。
2. 设备：柴油机翻转架。
3. 辅料：润滑油、润滑脂、棉纱等。

二、操作步骤

1. 以玉柴共轨柴油机为例，共轨总成的拆卸与装配见表 7-1-2。

表 7-1-2　　　　　　　　　　　　　共轨总成的拆卸与装配

（1）拆除共轨压力传感器插接件 注意：拔除压力传感器插头时，不要用力过大，不要用手去拉拽连接导线	
（2）拆除限压阀回油管螺栓	
（3）拆除高压油管连接接头 注意：为防止高压油管中有残余压力存在，不要立即将接头一次松开	

（4）拆除共轨油管进油管接头	
（5）用套筒拆除共轨油管安装螺栓	
（6）取下共轨油管	

（7）安装顺序与拆卸顺序相反

2. 高压油泵总成的拆卸与装配见表 7–1–3。

表 7–1–3　　　　　　　　　　　　　高压油泵总成的拆卸与装配

（1）用套筒拆下高压油泵齿轮盖板螺栓，取下高压油泵齿轮盖板	
（2）拆下高压油泵齿轮压紧螺母	
（3）使用专用齿轮拉拔器将高压油泵齿轮取出	

（4）用套筒扳手拆下泵体连接螺栓	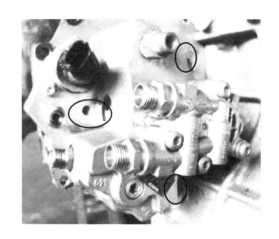
（5）取出高压油泵连接盘	
（6）取下高压油泵 　注意：取下高压油泵后，应对泵体进行清洁	

（7）安装顺序与拆卸顺序相反

3. 喷油器总成的拆卸与装配见表 7-1-4。

表 7-1-4　　　　　　　　　　喷油器总成的拆卸与装配

（1）拆除喷油器线束插接件 　注意：用手用力按下插接件连接端子的卡扣，不要拔除导线，防止导线折断	
（2）用一字旋具撬出气缸盖线束锁片	
（3）用套筒扳手拆除气缸盖罩螺栓	

（4）取下气缸盖罩

注意：取下气缸盖前需把线束从右图所示的小孔内穿入

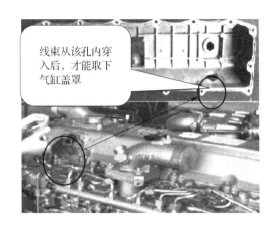

线束从该孔内穿入后，才能取下气缸盖罩

（5）用套筒扳手拆除喷油器线束

（6）用套筒扳手拆除高压连接管螺母

（7）取下高压连接管的套筒

（8）用套筒扳手拆除喷油器压板螺母

（9）拆下喷油器
注意：用撬棒在喷油器压板下轻轻敲动

（10）将喷油器导入气缸盖，同时装入喷油器压板

（11）将喷油器压板安装到位

（12）将高压连接管导入气缸盖，拧松高压连接管的压紧螺母

（13）拧紧喷油器压板螺母，安装喷油器压板	
（14）拧紧高压连接管压紧螺母	
（15）安装喷油器线束	

4. 柴油机主要传感器的拆卸与装配见表 7-1-5。

表 7-1-5　　　　　　　　　　柴油机主要传感器的拆卸与装配

（1）曲轴位置传感器 　1）用手将右图所示接插件锁扣向里按，并轻晃几下拔出，对好方向后直接压进 　2）传感器底部与信号盘的空气间隙为 0.5～1.5 mm，安装力矩为 6～10 N·m	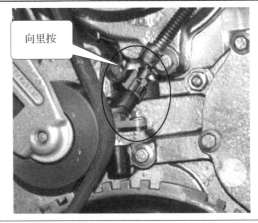 向里按
（2）凸轮轴位置传感器 　1）用手将右图所示接插件锁扣向里按，并轻晃几下拔出，对好方向后直接压进 　2）两个输出端子，静态电阻值为 860 Ω±10%（20 ℃）	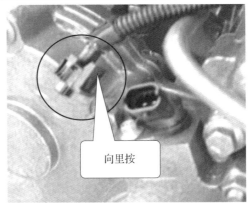 向里按
（3）冷却液温度传感器 　1）用开口扳手拆下冷却液温度传感器 　2）用手将右图所示接插件锁扣向里按，并轻晃几下拔出，对好方向后直接压进 　3）安装力矩为 20～25 N·m；两个输出端子静态电阻值分别为 2.5 kΩ±6%（20 ℃）、0.186 kΩ±2%（100 ℃）；工作电压为（5±0.15）V	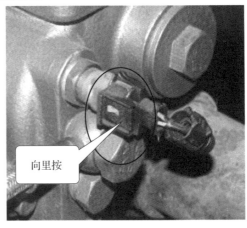 向里按 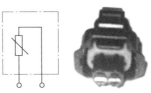

续表

（4）增压压力及进气温度传感器

用手将右图所示接插件锁扣向里按，并轻晃几下拔出，对好方向后直接压进

技术参数：

◆ 工作温度范围：–40 ℃ ~ 130 ℃

◆ 工作压力范围：50 ~ 400 kPa

◆ 静态电阻值：2.5 kΩ ± 5%（20 ℃）

◆ 输出电压：（0.3 ± 0.5）~（4.8 ± 0.5）V

（5）共轨压力传感器

1）用手将右图所示接插件锁扣向里按，并轻晃几下拔出，对好方向后直接压进

注意：禁止拆卸共轨压力传感器，如损坏，需与共轨油管总成一起更换

2）三个输出端子，分别是信号 2 端子、接地 1 端子、电源（5 V）3 端子

注意：静态信号电压为 0.5 V 左右（判断传感器是否损坏的依据之一）

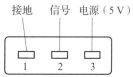

（6）加速踏板位置传感器

1）向外扣出右图所示锁扣，轻轻晃动即可取出

注意：如发现损坏，需更换加速踏板总成

2）加速踏板位置传感器有六个输出端子

向外扣出

项目八

柴油机后处理系

任务　柴油机后处理系概述

学习目标

1. 能讲述柴油机 SCR 系统的工作原理。
2. 能讲述柴油机 SCR 系统的工作过程。
3. 能讲述柴油机 SCR 系统的使用要求。
4. 能讲述博世 DeNOx2.2 系统零部件的结构。

情境导入

某重型载货汽车行驶中出现动力不足，柴油机 MIL 故障指示灯点亮，连接故障诊断仪发现故障代码"发动机氮氧排放超 7 g/（kW·h）"，柴油机尾气排放超标导致输出转矩，动力不足。经检查，发现由于尿素品质差导致尿素喷嘴磨损加剧，大量白色尿素晶体存在于尿素箱及排气管中，导致氮氧转化效率低，排放超标。现需要进行后处理系统的清洗与尿素喷嘴等零部件的更换。通过本任务的学习，能否了解柴油机后处理系统呢？

相关知识

一、实现国Ⅳ排放的技术路线

实现国Ⅳ排放的技术主要有两条：高压共轨喷射 + 选择性催化还原系统（Selective Catalytic Reduction，SCR）、高压共轨喷射 +EGR+ 颗粒捕集器（Diesel Particulate Filter，

DPF）。SCR 系统利用车用尿素溶液与尾气中的 NO_x 混合、反应，还原成无毒的氮气，从而达到降低 NO_x 排放浓度的目的；EGR+DPF 系统用于降低尾气中的颗粒浓度，两种技术对比见表 8-1-1。

表 8-1-1　　　　　　　　国Ⅳ柴油机 SCR 和 EGR+DPF 两种技术对比

SCR	EGR+DPF
国Ⅲ、Ⅳ、Ⅴ可以采用相同的柴油机平台	柴油机本体变化较大，需要较大的中冷器空间
催化剂对燃油硫含量不敏感	过滤体对燃油硫含量比较敏感
油耗比国Ⅲ机型下降 5%～7%	油耗比国Ⅲ机型略有升高
需要控制氨泄漏，以防造成二次污染	DPF 为防止堵塞需要再生
需要尿素加注站等基础建设	无需基础建设
需要解决低温下尿素结晶问题	—

二、SCR 系统的工作原理

SCR 系统包括尿素喷射系统、SCR 催化箱总成以及传感器等零部件。尿素喷射系统主要采用博世 DeNOx2.2 系统。

博世 DeNOx2.2 系统是一种成熟、稳定的车用尿素喷射系统，如图 8-1-1 所示，主要包括尿素供给单元（尿素泵）、尿素喷射单元（尿素喷嘴）、尿素箱、尿素管路及喷射控制单元（Domain Control Unit，DCU）。博世 DeNOx2.2 系统没有单独的 DCU，其DCU 的功能都集成在的 ECU 里。

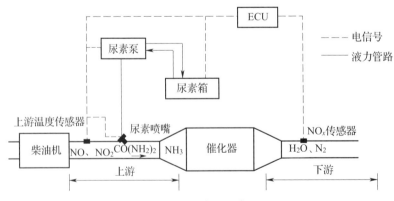

图 8-1-1　SCR 系统工作原理图

柴油机启动后，传感器采集柴油机信号，ECU 根据这些信号计算车用尿素的喷射量，控制车用尿素喷嘴开度，实现车用尿素喷射量的精确控制。

车用尿素水溶液经尿素吸液管由尿素箱吸入尿素泵，然后泵入尿素喷嘴。当系统压力达到预定值并且有喷射请求后，尿素喷嘴阀门开启，车用尿素水溶液以雾化形式喷入排气管内，尿素受热分解出氨气，进而在催化剂作用下加速将 NO_x 还原。

车用尿素水解为氨气（尿素喷射系统）：

$$CO(NH_2)_2+H_2O \longrightarrow 2NH_3+CO_2（要求温度 200 ℃以上）$$

SCR 后处理反应（SCR 催化转化器）：

$$NO+NO_2+2NH_3 \longrightarrow 2N_2+3H_2O$$

$$4NO+O_2+4NH_3 \longrightarrow 4N_2+6H_2O$$

$$2NO_2+O_2+4NH_3 \longrightarrow 3N_2+6H_2O$$

三、SCR 系统的工作过程

1. 初步建压

点火开关打开后，当达到车用尿素建压条件时（系统无故障且前排温度传感器测量值大于 180 ℃，柴油机转速大于 550 r/min），SCR 系统开始建立压力：吸液→填充→压力建立（目标值 5.5 bar，时间 $t_1 \leqslant 35$ s）。泵压力到达 8 bar，系统开始自检。

一个驾驶循环的建压时间为 35 s，共三次，如果三次均失败，系统报错，此次驾驶循环不再尝试建压。次与次之间伴随尿素泵自动排气及卸压倒吸过程。

2. 自检

系统自行检查压力管路和回流管路有无堵塞情况，如果有，控制系统报错，管路和尿素泵卸压。如果检测通过（表示各管路均无堵塞情况），则系统建压成功，尿素泵至喷嘴压力稳定在（9±0.5）bar。

整个建压过程总时间 $\leqslant 320$ s。若超过 320 s，则系统报错，此次驾驶循环不再尝试建压。

3. 正常喷射

根据排温（大于 200 ℃）和工况进行喷射。

4. 断电倒吸

T15 下电（整车总电源开关不断）后，SCR 系统进入倒吸过程，利用反向阀使尿素泵及尿素管中的液体排空，防止管路中残留尿素对系统造成影响。

断电倒吸的过程为 90 s，该过程中严禁关闭整车电源。

另外，在气温低于 -11 ℃时，车用尿素结冰。系统中配备了加热系统，其中尿素箱为冷却液加热，尿素泵及尿素管路为电加热，从而保证尿素喷射系统在低温环境下正常工作。

四、SCR 系统的使用要求

当车用尿素箱液位低于 10% 时，仪表盘相应的指示灯闪烁警告，此时需及时加注车用尿素溶液。

车用尿素溶液需向授权零售商或专业厂家购买，禁止使用私自配置的或不达标的车用尿素溶液，更不可使用其他替代液体，杂质和金属离子会影响系统正常工作、缩短系统寿命。

启动柴油机时，当柴油机转速和排气温度达到设定值后，DeNOx 2.2 系统开始工作，柴油机停机后，系统进入倒抽阶段，清空系统内的车用尿素溶液，该阶段将持续 2～3 min，不要在系统尚处于工作状态时断开电源总开关。

DeNOx 2.2 系统正常关闭（整个倒抽过程结束）后，在 –40 ～ 25 ℃ 的环境中可停机 4 个月且无须拆卸保存，在较高的温度下，无拆卸停机时间上限会相应缩短。但此期间不得断开液力和电气连接，应避免尿素喷嘴和泵中的尿素水蒸气的蒸发，建议停机前注满尿素箱以减少管路中的蒸发。

超过该时限后，启动系统前应先预运转，步骤如下：尿素箱重新注满车用尿素溶液；更换尿素泵中的过滤器；启动 DeNOx 2.2 系统。

若系统启动异常，关闭系统，在 DCU/ECU 主继电器停止后（停止时间以不同应用而异），重启系统，如果仍然启动失败，则寻求服务站帮助。

检修 DeNOx 2.2 系统需要专业的故障诊断仪，行车过程中，当发现驾驶室 MIL 灯亮时，应及时前往就近的服务站进行专业检修。在没有故障诊断仪的条件下，可进行简单的外观检查。驾驶室仪表盘尿素箱灯亮，表明车用尿素水溶液剩余不足 10%，应及时添加。若需要更换/拆卸尿素喷嘴，须在柴油机完全停机 1 h，且排气管冷却后进行。注意底部的密封片为一次性部件，每次安装均须更换。

五、博世 DeNOx 2.2 系统零部件

1. 尿素泵

尿素泵负责将尿素箱中的车用尿素溶液加压并送往尿素喷嘴，同时将多余的车用尿素溶液泵回尿素箱，将系统的压力维持在 9 bar 左右。柴油机停机后，尿素泵将系统中的车用尿素溶液倒抽回尿素箱，以避免残留的车用尿素溶液引起系统失效。图 8-1-2 为博世 DeNOx 2.2 系统尿素泵的外形结构图。

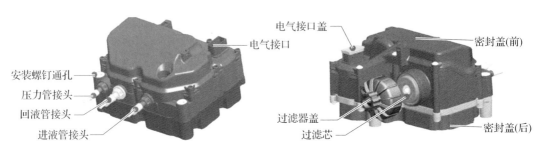

图 8-1-2　博世 DeNOx 2.2 系统尿素泵外形结构图

尿素泵有三个液力管路接头，分别是进液管接头、回液管接头和压力管接头。提供车用尿素水溶液从尿素箱到尿素喷嘴的通路。三个液力管路接头的具体规格及用途见表 8-1-2。

表 8-1-2　　　　　　　　　　　尿素泵液力管路接头的具体规格及用途

名称	规格	用途
进液管接头	SAE J2044 3/8″	入口，连接尿素吸液管
回液管接头	SAE J2044 3/8″	出口，连接尿素回液管
压力管接头	SAE J2044 5/16″	出口，连接尿素压力管

尿素泵内有一个可更换的过滤器，防止车用尿素溶液中的微尘颗粒（直径大于 30 μm）进入喷射阀，滤芯及其附属平衡元件需定期更换。

尿素泵前端密封盖上留有电气接口，作为 DCU/ECU 控制接口使用。

2. 尿素喷嘴

尿素喷嘴将尿素泵加压的尿素溶液喷入尾气中。图 8-1-3 所示为尿素喷嘴的外形结构，其中包含 1 个尿素管接头和 2 个冷却液接头，接头规格均满足 SAE J2044 标准。尿素管接头规格为 5/16″，与尿素压力管相连。

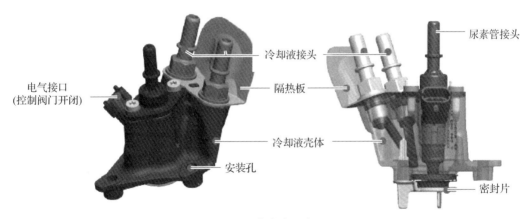

图 8-1-3　尿素喷嘴的外形结构

两个冷却液接头规格为 3/8″，它们是柴油机冷却液对尿素喷嘴进行冷却的进水口和回水口，防止尿素喷嘴高温失效。冷却液接头不区分进水和回水，可以互换。尿素喷嘴冷却液在柴油机上的取水位置可参考尿素箱加热冷却液的取水和回水位置。

3. 尿素箱

尿素箱主要用来存储车用尿素溶液，图 8-1-4 所示为潍柴集成式尿素箱的外形结构。

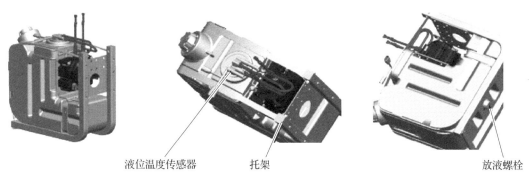

　　　　　　　　液位温度传感器　　　　托架　　　　　　　　　　　　　放液螺栓

图 8-1-4　潍柴集成式尿素箱的外形结构

　　尿素箱液位温度传感器的外形结构如图 8-1-5 所示，回 / 出液管接头和加热进 / 出水口的规格及用途见表 8-1-3。

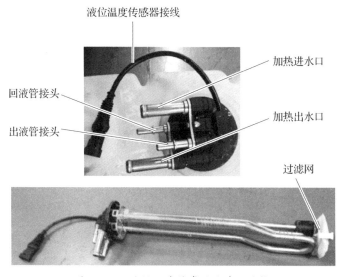

图 8-1-5　液位温度传感器的外形结构

表 8-1-3　液位温度传感器回 / 出液管接头和加热进 / 出水口的规格及用途

名称	规格	用途
出液管接头	SAE J2044 3/8″	出口，连接尿素吸液管
回液管接头	SAE J2044 5/16″	入口，连接尿素回液管
加热进水口	外径 14 mm，内径 10 mm	进口，连接加热进水
加热出水口	外径 14 mm，内径 10 mm	出口，连接加热出水

　　车用尿素溶液的冰点为 −11.5 ℃，系统在低温下工作时，车用尿素溶液会结冰导致系统无法工作，因此需要对尿素箱进行解冻，尿素箱利用柴油机的冷却液进行解冻和加热，加热水路的流向如图 8-1-6 所示。

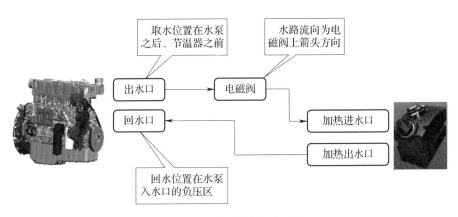

图 8-1-6　系统加热水路流向

4. 尿素管路（图 8-1-7）

尿素管路即车用尿素的通道，在安装前应保证其两端防护良好，防止脏物和杂质进入管路，导致系统失效。

图 8-1-7　尿素管路

尿素管路的安装要对应正确，否则会导致系统无法工作。安装前确认尿素管路接头尺寸，各个管接头的型号与箱、泵和尿素喷嘴上的型号匹配正确。尿素管路与泵和尿素箱的匹配对应表见表 8-1-4。

表 8-1-4　　　　　　　　　　　尿素管路与泵和尿素箱的匹配对应表

名称	管径 /mm	规格
尿素吸液管路	外径 8，内径 6	SAE J2044 3/8″
尿素压力管路	外径 8，内径 7	SAE J2044 5/16″
尿素回流管路	外径 8，内径 7	SAE J2044 5/16″
		SAE J2044 3/8″

安装时，尿素管路不能弯折，若管路出现如图 8-1-8 所示的严重弯折，将导致系统不能工作。

图 8-1-8　尿素管路的严重弯折

5. SCR 箱

SCR 箱总成分为箱式和桶式两种，其中桶式 SCR 箱总成有两种外观：一种是侧面进气、后端面出气（侧进端出）；另一种是前端进气、后端出气（端进端出）。SCR 箱总成外观如图 8-1-9 所示。

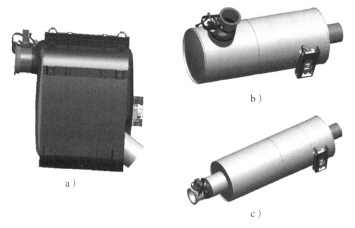

b）

a）

c）

图 8-1-9　SCR 箱总成外观图

a）箱式 SCR 箱总成　b）桶式 SCR 箱总成（侧进端出）　c）桶式 SCR 箱总成（端进端出）

SCR 箱总成上集成了尿素喷嘴、排气温度传感器及氮氧传感器，为了防止在运输和搬运过程中的磕碰等造成尿素喷嘴和氮氧传感器失效，分别设计了尿素喷嘴保护架和氮氧传感器保护架，如图 8-1-10 所示。

SCR 箱总成通过进气凸缘与柴油机排气连接管相连，如图 8-1-11 所示。SCR 箱总成需要用 SCR 箱托架和拉带固定在整车上。

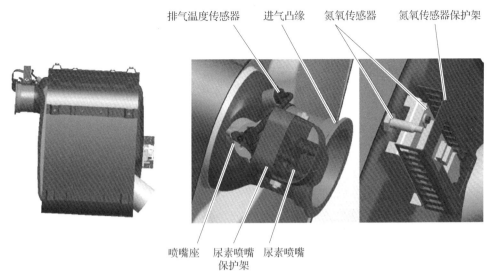

排气温度传感器 进气凸缘 氮氧传感器 氮氧传感器保护架

喷嘴座 尿素喷嘴 尿素喷嘴
保护架

图 8-1-10 SCR 箱总成结构图

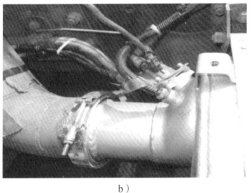

a) b)

图 8-1-11 进气凸缘与柴油机排气连接管连接示意图

6. 传感器

DeNOx2.2 国Ⅳ / 国Ⅴ系统与后处理相关的传感器除集成在尿素箱上的液位温度传感器外，还有排气温度传感器（图 8-1-12）、氮氧传感器（图 8-1-13）和环境温度传感器（图 8-1-14）。

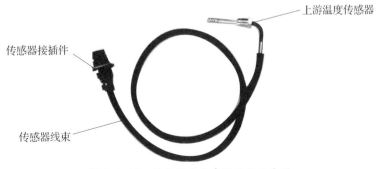

上游温度传感器

传感器接插件

传感器线束

图 8-1-12 排气温度传感器结构示意图

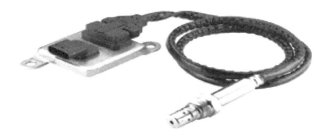

图 8-1-13　氮氧传感器结构示意图

图 8-1-14　环境温度传感器结构示意图